CHOIX
DE PLANTES.

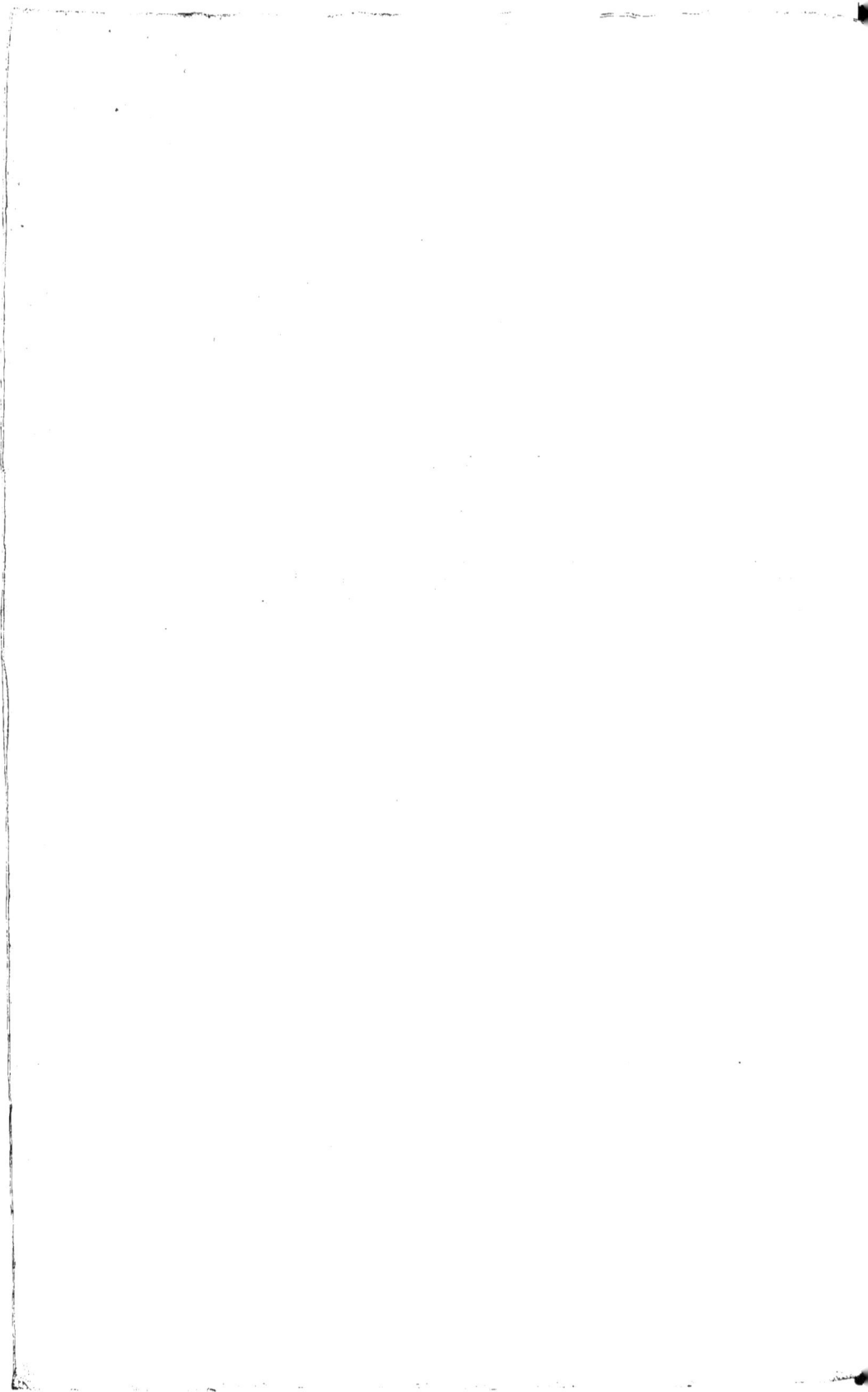

CHOIX
DE PLANTES,

DONT LA PLUPART SONT CULTIVÉES DANS LE JARDIN DE CELS;

PAR E. P. VENTENAT,

De l'Institut national de France, l'un des Conservateurs de la Bibliothèque du Panthéon.

A PARIS,

DE L'IMPRIMERIE DE CRAPELET.

Et se trouve

Chez L'AUTEUR, à la Bibliothèque nationale du Panthéon.

AN XI — 1803.

AU CITOYEN

J. A. CHAPTAL,

DE L'INSTITUT NATIONAL,

MINISTRE DE L'INTÉRIEUR.

CITOYEN MINISTRE,

En voyant paroître cet ouvrage sous vos auspices, on pourra penser que j'ai consulté l'intérêt de mon amour-propre, quand je ne cède qu'aux sentimens de reconnoissance, d'estime et de respect, que je partage avec tous les amis des Sciences, des Lettres et des Arts. Votre Ministère qui est un bienfait public, en est un tout particulier pour eux ; il a ranimé leur zèle découragé par dix années de trouble et de persécution, et a rappelé dans la carrière ceux que de nombreux dégoûts en avoient éloignés. Le commerce, les manufactures revivifiés sous votre heureuse administration, sont des témoignages bien éloquens de votre sagesse, qui transmis à vos descendans, survivront au bienfaiteur lui-même. Ils seront le plus noble héritage de sa postérité, fière de compter parmi ses ayeux, un digne émule des grands Ministres qui ont honoré la France.

VENTENAT,

Membre de l'Institut national.

AVERTISSEMENT.

L'ACCUEIL que les Savans ont bien voulu faire à mon ouvrage sur les *Plantes nouvelles et peu connues du Jardin de Cels*, m'a encouragé à en publier un autre du même genre. J'ai cru néanmoins, pour le rendre plus utile, devoir étendre le champ de mes observations.

Quoique le riche établissement où j'ai déjà puisé, m'ait fourni le plus grand nombre des espèces que je décrirai dans ce nouvel ouvrage, il existe d'autres Jardins qui renferment des objets précieux, et le zèle éclairé de Madame Bonaparte pour les progrès de la Botanique a déjà trouvé des imitateurs. J'ai pensé qu'il seroit avantageux de faire connoître les Plantes rares qui croissent en d'autres lieux, et qui m'ont paru dignes d'être étudiées.

Mon but principal est de ne décrire que des plantes vivantes. Je me propose cependant d'insérer quelquefois dans mes livraisons, celles de mon Herbier, qui offriront le plus grand intérêt ; mais seulement, lorsqu'elles seront assez bien conservées, pour que les détails de la fructification puissent être présentés avec autant de netteté que de certitude. Pourquoi craindrois-je d'imiter les Jacquin, les Smith, les Vahl, les Cavanilles, et tant d'autres Botanistes recommandables? L'homme qui s'est entièrement dévoué à une science, doit tout mettre à contribution pour ses progrès.

La satisfaction que m'ont témoignée publiquement le plus grand nombre des Botanistes, sur la clarté et l'exactitude de mes descriptions, ainsi que sur les observations placées à leur suite, m'a déterminé à adopter le même plan dans le nouvel ouvrage que j'ai entrepris. J'ai dû regarder un suffrage aussi unanime, comme le plus sûr garant du succès.

1

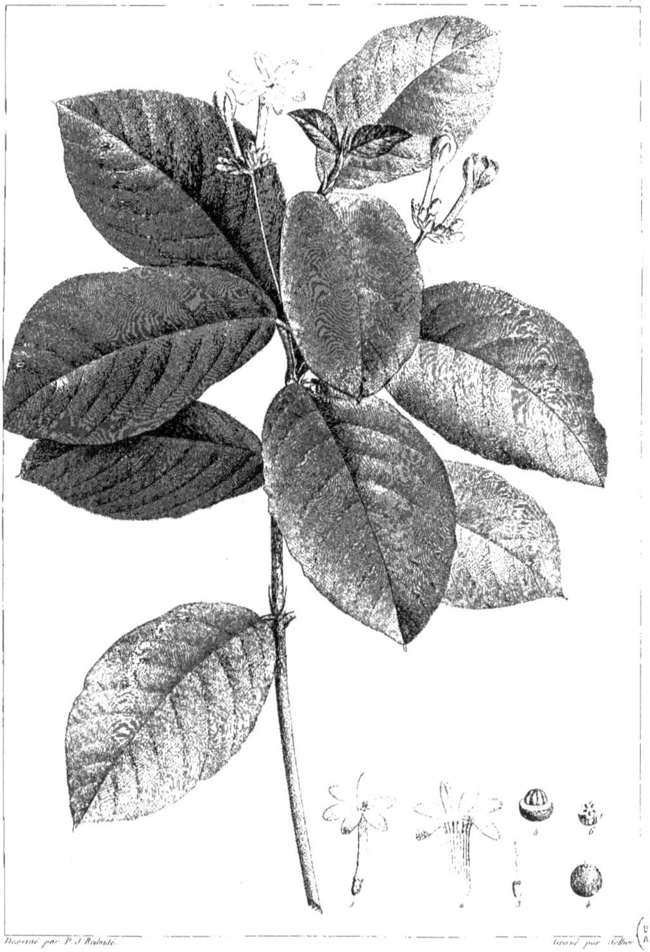

Dessiné par P. J. Redouté.	Gravé par Sellier

GUETTARDA scabra.

GUETTARDA *SCABRA.*

FAM. des RUBIACÉES, *JUSS.* — HEXANDRIE MONOGYNIE, *LINN.*

GUETTARDA foliis obovatis, mucronatis, scabris, suprà rugosis, subtùs venosis; floribus hexandris.

MATHIOLA folio aspero, subrotundo; fructu nigricante. PLUM. *Gen.* 16. *Icon.* 173, fig. 2.

MATHIOLA scabra. LINN. et WILLDEN. *Spec. Plant.*

Arbre de moyenne grandeur, originaire des Antilles, cultivé chez Cels et au Muséum d'Histoire Naturelle, de jeunes pieds rapportés de Porto-Ricco, par Riedlé. Il passe l'hiver dans la serre chaude, et fleurit en messidor.

TRONC de la grosseur de celui d'un pommier; droit, cylindrique, très-rameux, recouvert d'une écorce gercée et de couleur cendrée. *BRANCHES* nombreuses, horizontales, très-alongées, divisées en un grand nombre de rameaux. *RAMEAUX* opposés, presque droits, d'un brun foncé, cylindriques, nus vers leur base, feuillés à leur sommet, hérissés de poils courts et blanchâtres.

FEUILLES dans la partie supérieure des jeunes rameaux, opposées, horizontales, pétiolées, munies de stipules, ovales-renversées, légèrement ondées, ciliées sur leurs bords, un peu échancrées à leur base, surmontées d'une pointe à leur sommet, rudes au toucher comme celles du figuier commun, relevées sur leur surface inférieure d'une côte saillante et rameuse, creusées sur la supérieure d'un pareil nombre de stries; ridées, veineuses, d'un vert sombre et presque glabres en dessus, blanchâtres et très-velues en dessous, longues dans leur pays natal de dix-huit centimètres, larges de douze.

PÉTIOLES extrêmement courts, ouverts, cylindriques, très-velus.

STIPULES situées entre les pétioles, droites, en lance, très-aiguës, hérissées de poils courts, longues d'un centimètre.

PÉDONCULES dans les aisselles des feuilles supérieures, droits, cylindriques, velus, bifurqués à leur sommet, portant plusieurs fleurs, plus courts que les feuilles. *DIVISIONS* des pédoncules, horizontales, très-courtes.

FLEURS droites, disposées longitudinalement sur le côté intérieur des bifurcations du pédoncule, très-rapprochées, sessiles, blanchâtres, munies de bractées, formant une cime étroite, soyeuses et veloutées en dehors, très-odorantes, de courte durée, aussi grandes que celles du Mogori.

BRACTÉES droites, en lance, obtuses, soyeuses, blanchâtres, très-courtes.

CALICE adhérent à l'ovaire, tubulé, divisé à son limbe en six crénelures peu apparentes; pubescent, d'un vert blanchâtre, de la longueur des bractées.

COROLLE insérée sur l'ovaire, monopétale, tubulée et en forme de soucoupe. *TUBE* cylindrique, un peu dilaté vers le sommet, long de deux centimètres. *LIMBE* très-ouvert, à six divisions ovales-oblongues, obtuses, planes, trois fois plus courtes que le tube.

ÉTAMINES six, renfermées dans le tube et attachées à sa partie supérieure. *ANTHÈRES* sessiles, linéaires, un peu échancrées à leur base, d'un jaune soufré.

OVAIRE adhérent au calice. *STYLE* cylindrique, de la longueur des étamines. *STIGMATE* un peu épais, presque en forme de massue.

DRUPE de la forme et à-peu-près de la grosseur d'une cerise; couronnée du limbe du calice, devenant noirâtre et amère à mesure qu'elle approche de sa maturité, ne contenant qu'un seul noyau. *NOYAU* de la même forme que la drupe, anguleux, creusé intérieurement de cinq ou six loges.

SEMENCES solitaires dans chaque loge, cylindriques, d'un brun foncé.

Obs. 1°. Il est probable que les fleurs qui servirent à Plumier pour établir le genre *MATHIOLA*, n'étoient pas parfaitement développées, puisque ce célèbre Botaniste dit, en parlant de la corolle, *Flore infundibuliformi et veluti tubiformi*. Aussi les Botanistes desiroient-ils, depuis long-temps, une description complète et une figure plus exacte du *MATHIOLA SCABRA*. Ils soupçonnoient, avec raison, que ce genre avoit une grande affinité avec le *GUETTARDA* (1); et Jussieu avoit déjà observé que le noyau renfermé dans la baie, étoit à plusieurs loges. Le *MATHIOLA* ne diffère donc du *GUETTARDA* que par le nombre des divisions du limbe et par celui des étamines : mais ce nombre varie également dans toutes les espèces du genre *GUETTARDA*, comme on le voit par les phrases suivantes :

GUETTARDA Indica. Foliis ovatis, utrinque nudis; corollis subnovemfidis. *LAM. Dict.*

GUETTARDA argentea. Foliis ovatis, subtùs argenteis, et venis transversis eleganter striatis; corollis subsexfidis. *LAM. Dict.*

GUETTARDA crispiflora. Foliis ovatis, acuminatis, nervosis, subtùs villosis; floribus pentandris; laciniis corollæ crispatis. *VAHL. Eclog. Americ.* pl. 6.

GUETTARDA scabra. Foliis obovatis, mucronatis, scabris, suprà rugosis, subtùs venosis; floribus hexandris.

2°. Les fruits du *GUETTARDA scabra* m'ont été communiqués par le cit. Riedlé. J'en ai ouvert plusieurs, et j'ai observé que le nombre des loges varioit depuis quatre jusqu'à six. Les semences que j'ai trouvées dans ces fruits n'étoient pas encore parvenues à leur maturité.

Expl. des fig. 1, Fleur. 2, Corolle ouverte. 3, Pistil. 4, Drupe. 5, La même, dont la partie supérieure a été enlevée pour montrer le noyau. 6, Noyau coupé transversalement, pour montrer le nombre des loges.

---

(1) *Genus in vivo recognoscendum, Guettardæ affine.* JUSS. Genera, pag. 207. — *Arbuscula soli Plumiero visa, dùm occurrat attentè describenda, imprimis quoad characterem etiamnùm dubium.* WILLDEN. Species Plantarum. — *Obscura et fortè sola species Guettardæ, floribus pentandris.* SWARTZ, Observat. 81.

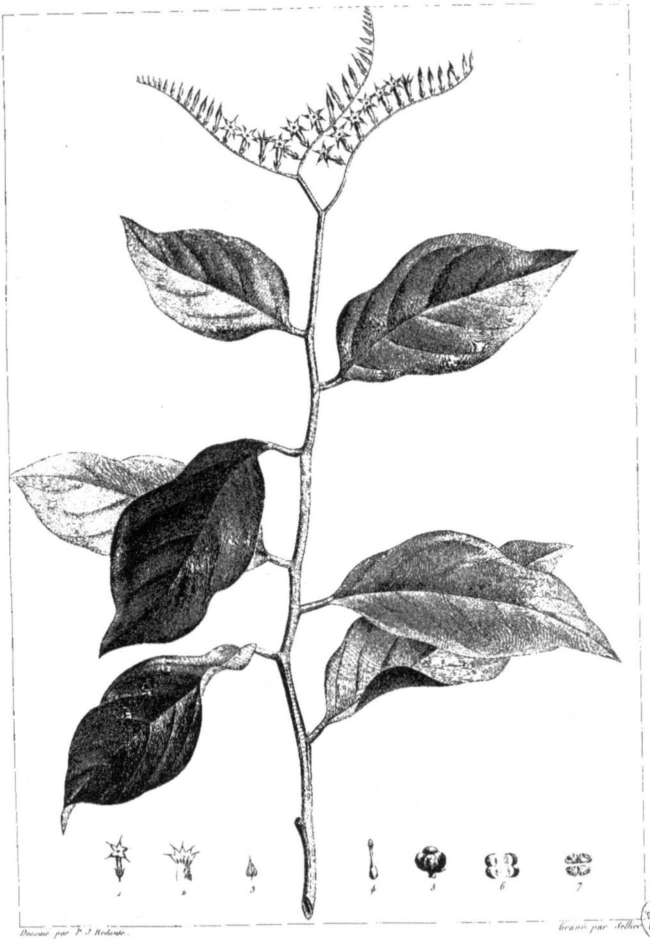

Dessiné par P. J. Redouté. Gravé par Sellier

TOURNEFORTIA laurifolia.

TOURNEFORTIA *LAURIFOLIA.*

FAM. des BORRAGINÉES, *JUSS.*—PENTANDRIE MONOGYNIE, *LINN.*

TOURNEFORTIA caule volubili; foliis ovato-oblongis, acutis, repandis, glabris; petiolis geniculatis; baccâ 4-torulosâ, 2-partibili.

Arbrisseau dont la tige est voluble ou s'élève en se roulant en spirale autour de ce qui l'approche; originaire des îles de Porto-Ricco et de Saint-Thomas, cultivé chez Cels et au Muséum d'Histoire Naturelle, de jeunes pieds rapportés par Riedlé. Il passe l'hiver dans la serre-chaude, et fleurit en messidor.

TIGES volubles de gauche à droite, cylindriques, glabres, très-rameuses, munies de quelques nœuds ou tubercules formés par la base subsistante des pétioles, recouvertes dans leur partie inférieure d'une écorce brune et peu gercée, lisses et d'un vert-pâle dans leur partie supérieure, hautes de trois mètres, de la grosseur du pouce. *BRANCHES* alternes, s'alongeant beaucoup, ayant la direction, la forme et la couleur des tiges. *RAMEAUX* parfaitement semblables aux branches, beaucoup plus courts.

FEUILLES alternes, horizontales ou réfléchies, pétiolées, ovales et oblongues, très-entières, pointues, ondées, glabres, d'un vert pâle en dessous et relevées d'une côte rameuse, d'un vert foncé et sillonnées en dessus, paroissant veineuses et finement ponctuées, lorsqu'on les observe avec la loupe; longues de douze centimètres, larges de cinq.

PÉTIOLES ouverts, dilatés par le prolongement des bords des feuilles, coudés à leur base qui subsiste lorsque les feuilles tombent; convexes d'un côté, sillonnés de l'autre, glabres, très-courts.

PÉDONCULES au sommet des rameaux; solitaires, droits, cylindriques, bifurqués, glabres, plus courts que les feuilles. *DIVISIONS DES PÉDONCULES* ouvertes, courbées à leur sommet, simples ou bifurquées, convexes en dehors, sillonnées intérieurement, longues de treize centimètres.

FLEURS droites, situées sur les bords des sillons, alternes, un peu écartées, presque sessiles, disposées en épis, formant par leur ensemble une cime lâche; d'un jaune couleur de miel, longues d'un centimètre.

PÉDICULES extrêmement courts.

CALICE d'une seule pièce, glabre, subsistant, à cinq divisions profondes, droites, en lance, très-pointues.

Corolle insérée sous l'ovaire, monopétale, en forme d'entonnoir, parsemée en dehors de poils peu apparens. *Tube* légèrement anguleux, renflé à sa base, dilaté à son orifice, deux fois plus long que le calice. *Limbe* ouvert, à cinq lobes ovales, relevés en dedans d'une nervure saillante, surmontés chacun d'une pointe alongée et noirâtre.

Étamines cinq, insérées au sommet du tube de la corolle et renfermées dans son orifice. *Filets* presque nuls. *Anthères* ovales, pointues, creusées de quatre sillons.

Ovaire libre, globuleux, glabre, verdâtre. *Style* cylindrique, droit, de la moitié de la longueur du tube. *Stigmate* ovale-arrondi, porté sur un disque orbiculaire.

Baie entourée à sa base par le calice, globuleuse, déprimée, renfermant un noyau mince, presque ligneux, creusé de quatre sillons, se divisant en deux hémisphères. *Hémisphères* à deux lobes et à deux loges monospermes.

Obs. 1°. Les fruits du *Tourneforta laurifolia* m'ont été communiqués par le citoyen Riedlé.

2°. Le *Tourneforta volubilis Linn.*, dont la tige est voluble, dont les feuilles sont glabres, et dont les lobes de la corolle sont terminés en pointe, paroît avoir beaucoup de rapports avec le *Tourneforta laurifolia*; mais il s'en distingue par ses feuilles beaucoup plus petites et parfaitement ovales, par ses épis courts et rameux, et sur-tout par son fruit formé de quatre osselets distincts. (*Voyez* les figures qui ont été données du *Tourneforta volubilis*, par Sloane, *Hist. de la Jamaïque*, *planche 143*, *fig.* 2, par Gærtner, *Carpologie*, *pl. 76*, et par Lamarck, *Illustr. Gener.*, *pl. 95*, *fig.* 2.)

3°. Il semble que les espèces du genre *Tourneforta* seroient moins difficiles à déterminer, si les Botanistes employoient dans leurs phrases spécifiques les caractères que fournissent les lobes de la corolle arrondis ou acuminés, et le fruit qui se divise en deux hémisphères, ou qui est formé d'osselets distincts.

Expl. des fig. 1, Fleur. 2, Corolle ouverte. 3, Une étamine trois fois grossie. 4, Pistil trois fois grossi. 5, Fruit desséché. 6, Le même, divisé en deux hémisphères. 7, Un hémisphère coupé transversalement pour montrer les deux loges.

Dessiné par P. J. Redouté. Gravé par Sellier

TOURNEFORTIA mutabilis.

TOURNEFORTIA *MUTABILIS.*

FAM. des BORRAGINÉES, *JUSS.* — PENTANDRIE MONOGYNIE, *LINN.*

TOURNEFORTIA foliis ovatis, integerrimis, scabris ; spicis cymosis, brevibus ; lobis corollæ crenulatis.

Arbrisseau originaire de Java, cultivé chez Cels et au Muséum d'Histoire Naturelle, de semences rapportées par La Haye. Il passe l'hiver dans la serre-chaude, et fleurit sur la fin du printemps.

TIGE droite, cylindrique, très-rameuse, recouverte inférieurement d'une écorce mince et d'un brun cendré, parsemée dans sa partie supérieure d'un duvet épais et blanchâtre; haute de six décimètres, de la grosseur du petit doigt. *BRANCHES* presque droites, alternes, de la forme et de la couleur du sommet de la tige. *RAMEAUX* axillaires, ouverts, un peu rudes au toucher.

FEUILLES alternes, rapprochées, horizontales, pétiolées, ovales et en lance, aiguës, très-entières, rudes au toucher, pubescentes, relevées d'une nervure rameuse, veinées, d'un vert foncé en dessus et plus pâle en dessous, répandant, lorsqu'elles sont froissées, une odeur analogue à celle des Solanées; longues de huit centimètres, larges de quatre.

PÉTIOLES très-courts, ouverts, dilatés par le prolongement des bords des feuilles; convexes d'un côté, concaves de l'autre, recouverts d'un duvet court et blanchâtre.

PÉDONCULES au sommet des rameaux, solitaires, droits, cylindriques, bifurqués, pubescens, plus longs que les feuilles. *DIVISIONS DES PÉDONCULES* ouvertes, recourbées à leur sommet, très-courtes.

FLEURS droites, disposées longitudinalement sur le côté intérieur des divisions du pédoncule, serrées, sessiles, formant une cime étroite ; d'abord d'un blanc verdâtre, ensuite marquées d'une bande noire qui s'étend insensiblement sur toute la corolle ; répandant une odeur agréable, longues de seize millimètres, larges de onze.

CALICE d'une seule pièce, pubescent, à cinq divisions droites, en lance, aiguës, subsistantes.

COROLLE insérée sous l'ovaire, monopétale, en forme d'entonnoir, pubescente. *TUBE* cylindrique, insensiblement dilaté, trois fois plus long que le calice.

Orifice fermé par les plis du limbe de la corolle. *Limbe* ouvert, à cinq lobes arrondis, crénelés sur leurs bords, plissés sur leur disque.

Étamines cinq, renfermées dans le tube de la corolle, attachées à sa partie moyenne. *Filets* presque nuls. *Anthères* droites, en lance, fendues à leur base, d'un jaune soufré.

Ovaire libre, globuleux, glabre, verdâtre. *Style* nul. *Stigmate* de la forme et de la couleur de l'ovaire.

Baie globuleuse, entourée à sa base par le calice, munie un peu au-dessous du sommet d'un tubercule noirâtre ; d'abord charnue et verdâtre, ensuite pulpeuse, blanchâtre et presque transparente ; renfermant un noyau ligneux qui se divise en deux hémisphères. *Hémisphères* creusés chacun intérieurement de deux loges situées sur les côtés. *Loges* à une seule semence.

Obs. J'ai donné à l'espèce que je viens de décrire le nom de *Mutabilis*, parce que ses fleurs, d'abord d'un blanc verdâtre, passent insensiblement et avant de se flétrir, à une couleur noire très-foncée.

Expl. des fig. 1, Fleur. 2, Corolle ouverte pour montrer l'attache des étamines. 3, Baie parvenue à sa maturité. 4, Noyau se séparant en deux hémisphères présentés chacun par leur face interne. 5, Un hémisphère coupé transversalement pour montrer la situation des deux loges dans chacune de ses parties.

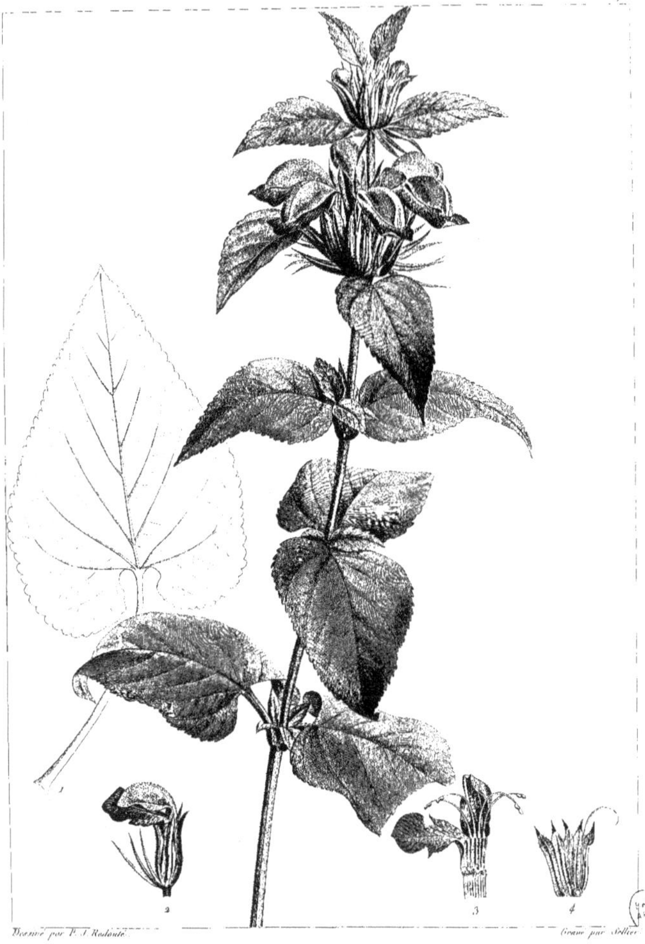

Dessiné par P. J. Redouté.   Gravé par Sellier.

PHLOMIS samia.

PHLOMIS *SAMIA.*

FAM. des LABIÉES, *JUSS.* — DIDYNAMIE GYMNOSPERMIE, *LINN.*

PHLOMIS foliis crenatis, subtùs tomentosis, inferioribus cordatis, summis ovatis; bracteis tripartitis, subulatis.

PHLOMIS samia, herbacea, Lunariæ folio. *TOURNEF. Coroll.*, pag. 10.

PHLOMIS samia. *LINN. Spec. Plant. DESFONT. Flor. Atlant. WILLDEN. Spec. Plant.*

Plante herbacée, vivace, hérissée dans toutes ses parties de poils courts et glanduleux, trouvée sur les hautes montagnes de la Caramanie, par Bruguière et Olivier, cultivée depuis quelques années chez Cels. Elle passe l'hiver dans l'orangerie, et fleurit au commencement de l'été.

RACINE fibreuse.

TIGES nombreuses, droites, tétragones, un peu rudes au toucher, simples, d'un brun foncé, hautes de huit décimètres, de la grosseur d'une plume à écrire.

FEUILLES opposées, horizontales, pétiolées : les inférieures en cœur et semblables à celles de la Lunaire, celles du sommet de la tige ovales : toutes crénelées, aiguës, relevées d'une côte saillante d'où s'échappent plusieurs nervures latérales; veineuses, ridées, d'un vert foncé en dessus et parsemées de poils peu apparens, blanchâtres et drapées en dessous, longues de dix centimètres et larges de sept; les supérieures insensiblement plus courtes.

PÉTIOLES très-ouverts, convexes en dehors, creusés en dedans d'un large sillon : les inférieurs de la longueur des feuilles, les supérieurs insensiblement plus courts.

VERTICILLES situés dans les aisselles des feuilles supérieures, formés de dix à douze fleurs très-rapprochées; plus courts que les entre-nœuds.

FLEURS droites, presque sessiles, munies de bractées; d'un violet cendré, pubescentes, aussi grandes que celles du *PHLOMIS fruticosa.*

BRACTÉES en nombre égal à celui des fleurs, presque droites, alternativement à trois et à deux divisions; longues de deux centimètres. *DIVISIONS* un peu écartées, en alène, roides, pubescentes, surmontées d'une pointe épineuse.

CALICE tubulé, coriace, pubescent, de la longueur des bractées, subsistant. *TUBE* relevé en dehors de dix nervures dont cinq alternes moins saillantes, creusé intérieurement de dix stries. *LIMBE* à cinq divisions droites, en alène, surmontées d'une pointe épineuse.

Corolle insérée sous l'ovaire, monopétale, labiée. *Tube* cylindrique, de la longueur du calice, velu intérieurement dans sa partie moyenne. *Lèvre supérieure* penchée, en casque, comprimée, creusée sur le dos d'un sillon, échancrée au sommet. *Lèvre inférieure* plus longue que la supérieure; horizontale, à trois lobes. *Lobes* latéraux, courts, ovales, pointus, réfléchis sur leurs bords; lobe moyen, très-grand, arrondi.

Étamines quatre, dont deux plus courtes (*Didynames*); attachées au sommet du tube, situées sous la lèvre supérieure et de la même longueur. *Filets* cylindriques. *Anthères* en bouclier, à une loge, s'ouvrant intérieurement.

Ovaire libre, à quatre lobes, entouré à sa base d'un disque saillant. *Style* filiforme, ayant la même direction que les étamines. *Stigmates* deux, inégaux : le plus court engaînant celui qui est plus long.

Semences quatre, situées au fond du calice qui fait les fonctions de péricarpe; arrondies, glabres, de couleur brune.

Obs. 1°. Le *Phlomis samia, herbacea, Lunariæ folio*, appartient certainement au *Phlomis samia Linn.* J'ai vu dans l'Herbier de Jussieu plusieurs échantillons de la plante trouvée dans le Levant par Tournefort. Ces échantillons parfaitement conformes à l'espèce que j'ai décrite, et qui est évidemment le *Phlomis samia Linn.*, sont désignés par le synonyme que j'ai cité, et l'écriture est de la main de Tournefort. A la vérité, l'étiquette qui contient ce même synonyme dans l'Herbier de Vaillant, désigne une autre plante; mais il est facile de reconnoître que cette étiquette a été transposée, puisqu'elle est annexée à des échantillons dont les feuilles sont ovales-oblongues et drapées sur les deux surfaces. J'ai cherché dans l'Herbier de Tournefort le *Phlomis samia, herbacea, Lunariæ folio*, et je puis assurer que cette plante n'y existe plus.

2°. Il est probable que Linnæus ne possédoit que des échantillons de la partie supérieure de l'espèce qu'il a nommée *Phlomis samia*, puisqu'il dit, en parlant de ses feuilles, *Foliis ovatis*.

3°. Le *Phlomis samia* se distingue aisément de toutes les espèces du genre par ses bractées profondément divisées.

Expl. des fig. 1, Feuille de la partie inférieure de la tige, vue en dehors. 2, Fleur avec sa bractée. 3, Corolle ouverte, pour montrer l'attache des étamines. 4, Calice ouvert, pour montrer le disque qui entoure la base de l'ovaire.

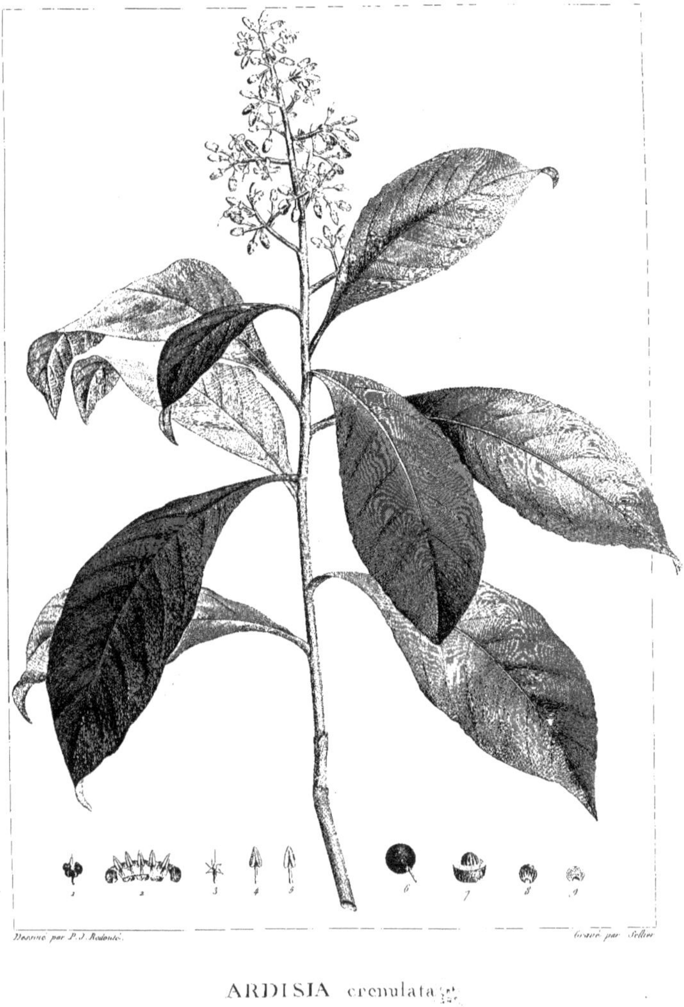

Dessiné par P. J. Redouté. Gravé par Sellier

ARDISIA crenulata.

ARDISIA. *SWARTZ.*

FAM. des OPHIOSPERMES (1), *VENT.* — PENTANDRIE MONOGYNIE, *LINN.*

CHARACTER GENERICUS. *Calix* minimus, 5-partitus, persistens. *Corolla* hypogyna, monopetala : tubo brevissimo ; limbo 5-partito, reflexo. *Stamina* 5, imo tubo inserta, laciniis corollæ opposita : filamentis erectis ; antheris hastatis, circà stylum conniventibus, in cuspidem approximatis. *Ovarium* liberum : stylus staminibus altior ; stigma acutum. *Drupa* carnosa, subrotunda, fœta semine cui integumentum simplex, crustaceum, striatum, basi retusum. *Perispermum* carnosum, durum. *Embryo* horizontaliter in medio perispermi locatus, teretiusculus, serpentino-flexuosus. *Cotyledones* lineares, brevissimæ. *Radicula* filiformis.

ARDISIA *CRENULATA.*

ARDISIA paniculâ terminali ; foliis lanceolato-ovatis, repando-crenatis, acuminatis, basi attenuatis, punctatis.

Arbrisseau de deux mètres de hauteur et de quinze centimètres de circonférence; originaire des Antilles, croissant sur le bord des torrens. Il passe l'hiver dans la serre chaude, et fleurit pendant l'été.

TIGE droite, cylindrique, très-rameuse, recouverte d'une écorce mince et cendrée qui se détache par plaques. *BRANCHES* alternes, ouvertes, de la forme de la tige. *RAMEAUX* axillaires, renflés et noueux à leur base, recouverts dans leur partie supérieure d'un duvet court et de couleur de rouille.

FEUILLES alternes, ouvertes ou réfléchies, pétiolées, en lance et ovales, ondées sur leurs bords et souvent crénelées, terminées en pointe, amincies à leur base, relevées sur la surface inférieure d'une nervure rameuse, creusées sur la supérieure d'un pareil nombre de sillons; glabres, ponctuées, planes, d'un vert foncé en dessus et plus pâle en dessous, longues de douze centimètres, larges de quatre.

PÉTIOLES très-ouverts, dilatés par le prolongement des bords des feuilles ; convexes en dehors, sillonnés en dedans, glabres, d'un vert pâle, très-courts.

PANICULE au sommet des rameaux, munie de bractées, plus courte que les feuilles, souvent droite, simple et resserrée ; quelquefois étalée et composée de plusieurs grappes qui naissent dans les aisselles des feuilles supérieures.

---

(1) J'ai exposé les principaux caractères de ce nouvel ordre qui est voisin de celui des Hilospermes ou Sapotilliers, *JUSS.*, dans la Description des plantes cultivées chez Cels, pag. 86.

RAMEAUX DE LA PANICULE, cylindriques, renflés à leur base, pubescens, de couleur de rouille; les inférieurs droits, les supérieurs horizontaux.

FLEURS au sommet des rameaux, peu nombreuses, presque disposées en ombelle, pédiculées, munies de bractées, d'un rouge tirant sur le violet, sans odeur, très-petites.

PÉDICULES cylindriques, d'abord horizontaux, ensuite réfléchis, de la couleur et de la longueur des fleurs.

BRACTÉES situées à la base des rameaux de la panicule et des pédicules des fleurs; presque droites, linéaires, aiguës, pubescentes.

CALICE libre, de la couleur des fleurs, à cinq divisions droites, en lance, aiguës, ciliées sur leurs bords, subsistantes.

COROLLE insérée sous l'ovaire, monopétale, en roue. *TUBE* renflé, très-court, blanchâtre. *LIMBE* à cinq divisions linéaires, aiguës, roulées en dehors, munies de cils peu apparens.

ÉTAMINES cinq, insérées à la base du tube de la corolle et opposées aux divisions de son limbe. *FILETS* comprimés, blanchâtres. *ANTHÈRES* droites, d'un jaune doré, adhérentes aux côtés des filets, en forme de flèche, creusées sur leur face interne de deux sillons, rapprochées en pointe, engaînant le style.

OVAIRE libre, ovale-arrondi, pubescent au sommet, contenant trois ou quatre ovules. *STYLE* filiforme, droit, plus long que les étamines. *STYGMATE* simple.

DRUPE charnue, de la grosseur d'une groseille, entourée du calice à sa base, lisse et noire en dehors, de couleur violette à l'intérieur, ne contenant qu'une semence.

SEMENCE globuleuse, creusée d'un ombilic à sa base, recouverte d'une seule tunique qui est crustacée, striée, fragile, d'un gris cendré. *EMBRYON* cylindrique, légèrement courbé, situé transversalement au milieu d'un périsperme charnu et très-dur.

OBS. 1°. Le nombre des parties de la fructification est sujet à varier dans l'*ARDISIA crenulata* où il diminue quelquefois d'un cinquième.

2°. Le genre *ARDISIA* établi par M. Swartz, est le même que l'*HEBERDENIA* de M. Banks, l'*ANGUILLARIA* de Gærtner, l'*ICACOREA* d'Aublet, et le *BADULA* de Jussieu. Il se rapproche aussi beaucoup du *BLAHDIA* de M. Thunberg.

3°. Les genres *RAPANEA* d'Aublet, *WALLENIA* de Swartz, *ATHRUPHYLLUM* de Loureiro, *VEDELA* d'Adanson, et *MANGLILLA* (1) de Jussieu, paroissent appartenir à la même famille que l'*ARDISIA* et le *MYRSINE*. Comme la plupart de ces genres ont une très-grande affinité avec l'*ARDISIA*, j'invite les Botanistes qui les possèdent et qui peuvent les observer, à prononcer sur leur identité avec le genre établi par M. Swartz, ou à faire ressortir leurs caractères distinctifs.

4°. L'*ARDISIA crenulata* se distingue de l'*ARDISIA serrulata* Sw. par ses feuilles qui ne sont point ridées et d'un jaune doré en dessous; de l'*ARDISIA acuminata* (2) WILLD., par les bractées situées à la base des pédicules; et de l'*ARDISIA lateriflora* Sw., par ses rameaux pubescens, par ses feuilles ponctuées, par son fruit lisse, &c.

Expl. des fig. 1, Fleur de grandeur naturelle. 2, Corolle ouverte et grossie du double. 3, Calice et pistil. 4, Une Etamine grossie et vue en dedans. 5, La même vue en dehors. 6, Fruit. 7, Le même, dont on a retranché la moitié supérieure de l'enveloppe. 8, Semence. 9, La même coupée transversalement pour montrer la forme de l'embryon et sa situation dans le périsperme.

---

(1) Le *CABALLERIA* de la Flore du Pérou est évidemment congénère du *MANGLILLA*.

(2) Cette espèce paroît avoir les plus grands rapports avec l'*ARDISIA lateriflora*.

Dessiné par P. J. Redouté

Gravé par Sellier

DAVIESIA denudata

DAVIESIA *DENUDATA.*

FAM. des LÉGUMINEUSES, *JUSS.* — DÉCANDRIE MONOGYNIE, *LINN.*

DAVIESIA petiolis teretibus : primordialibus foliosis, foliis ternatis lanceolatisque deciduis; superioribus nudis, longissimis.

SOPHORA Juncea. SCHRADER, *Sertum Hannoverianum*, pl. 3.

PULTENÆA Juncea. WILLDEN. *Spec. Plant.*

Arbrisseau originaire de la Nouvelle-Hollande, cultivé chez Cels, de graines envoyées du jardin de Sainte-Croix de l'île de Ténériffe, par Broussonet. Il passe l'hiver dans l'orangerie, et fleurit en prairial.

RACINE pivotante, munie de quelques fibres, blanchâtre.

TIGE droite, cylindrique, feuillée lorsqu'elle commence à pousser, ensuite nue et simplement munie de pétioles dont les feuilles sont avortées; rameuse, glabre, d'un vert gai, haute de six décimètres, de la grosseur d'une plume à écrire. *RAMEAUX* situés dans la partie supérieure de la tige, naissans dans les aisselles des pétioles; alternes, peu ouverts, cylindriques, glabres.

FEUILLES alternes, horizontales, pétiolées et articulées avec le pétiole, munies de stipules : les unes simples, en lance, très-entières, aiguës, glanduleuses à leur sommet, relevées de trois nervures, glabres, d'un vert foncé en dessus et plus pâle en dessous, purpurines sur leurs bords, longues de trente-cinq millimètres, larges de six : les autres ternées ou formées de trois folioles presque sessiles et parfaitement semblables aux feuilles simples.

PÉTIOLES renflés à leur base et articulés avec les tiges; cylindriques, glabres, d'un vert gai : ceux qui portent les feuilles, ouverts, longs de quatre centimètres : ceux qui sont dépourvus de feuilles, droits, munis à leur sommet de deux ou trois dents de couleur brune, longs de deux décimètres dans la partie inférieure de la tige, insensiblement plus courts dans la supérieure.

STIPULES deux, opposées, adhérentes à la base du pétiole, droites, linéaires, aiguës, membraneuses, purpurines, très-petites.

GRAPPES au sommet des tiges et des rameaux, solitaires, simples, droites, longues de sept centimètres.

FLEURS d'un jaune doré, tachées et rayées d'un rouge pourpré, pédiculées et articulées sur le pédicule, munies de bractées, longues de douze millimètres : les inférieures s'épanouissant les premières.

Pédicules droits, cylindriques, glabres, de la longueur des fleurs.

Bractées adhérentes à la base des pédicules et deux fois plus courtes; droites, en lance, aiguës, purpurines.

Calice tubulé, glabre, pentagone, d'un vert gai, divisé à son limbe en cinq lobes ovales et aigus; subsistant.

Corolle papillonacée, insérée à la base du calice. *Étendard* droit, ovale-arrondi, plié en deux sur les côtés, strié, muni de deux dents à sa base, porté sur un onglet court. *Ailes* plus courtes que l'étendard, horizontales, oblongues, obtuses, munies d'un onglet sur un côté de leur base, et d'une oreillette sur l'autre. *Carène* montante, se divisant en deux pétales de la forme des ailes et plus courts.

Étamines dix, ayant la même attache que la corolle, distinctes. *Filets* en alène, alternativement plus courts, d'un rose tendre. *Anthères* arrondies, jaunâtres, creusées de quatre sillons.

Ovaire porté sur un pédicule très-court; ovale, comprimé, glabre. *Style* filiforme, courbé à son sommet, blanchâtre, plus long que les étamines, subsistant. *Stigmate* simple, aigu.

Légume recouvert par le calice dans sa moitié inférieure; ovale, comprimé, pointu à son sommet, noirâtre, ne contenant qu'une semence.

Semence ovale-arrondie, lisse, d'un brun clair, creusée sur le côté d'un ombilic circulaire.

Obs. 1°. L'espèce que je viens de décrire se rapporte évidemment au genre *Daviesia* établi par M. Smith dans le quatrième volume des Transactions de la Société Linnéene de Londres. Ce genre a la plus grande affinité avec le *Pultenæa* du même auteur, dont il ne diffère que par son calice nu ou sans appendices, et par son fruit comprimé et monosperme.

2°. Il est probable que les caractères des genres auxquels on a rapporté les espèces de Légumineuses découvertes dans les îles de la mer du Sud, seront réformés, lorsqu'on en aura observé un plus grand nombre. Plusieurs espèces de ces genres nouvellement établis, ne paroissent différer de l'*Aspalathus* et du *Spartium* que par leurs étamines distinctes.

3°. Le *Daviesia denudata* est remarquable par ses pétioles qui sont nus et très-alongés dans les tiges adultes. Ce caractère existe aussi dans quelques espèces du genre *Mimosa*; mais leurs pétioles, loin d'être cylindriques, sont très-applatis et ressemblent à des feuilles en lance.

4°. Le fruit du *Daviesia denudata* m'a été communiqué par M. Kennedy, habile Botaniste et célèbre Pépiniériste anglais.

Expl. des fig. 1, Jeune pied. 2, Partie supérieure d'une tige adulte. 3, Fleur avec son pédicule et sa bractée. 4, Pétales. 5, Calice et organes sexuels. 6, Calice ouvert pour montrer l'insertion des étamines distinctes. 7, Pistil. 8, Légume recouvert par le calice dans sa moitié inférieure. 9, Semence.

Dessiné par P. J. Redouté — *Gravé par Sellier*

HERACLEUM Absinthifolium

HERACLEUM *ABSINTHIIFOLIUM.*

FAM. des OMBELLIFÈRES, *JUSS.* — PENTANDRIE DIGYNIE, *LINN.*

HERACLEUM incanum; foliis decompositis; foliolis cuneiformibus, trifidis; corollis subuniformibus; fructu villoso.

SPHONDYLIUM orientale humilius, foliis absinthii. TOURNEF. *Coroll. pag.* 22, *ex Herbar.* VAILLANT et JUSSIEU.

Plante herbacée, bisannuelle, trouvée en Orient, sur la route de Bagdad à Kermanchah, par Bruguière et Olivier; cultivée depuis quelques années chez Cels, fleurissant en prairial. Toutes ses parties répandent, lorsqu'elles sont froissées, une odeur semblable à celle de l'Ache des marais, *APIUM graveolens*, LINN.

RACINE charnue, pivotante, laiteuse.

TIGES moelleuses, droites, cylindriques, presque nues, sillonnées, hérissées de poils courts et blanchâtres; un peu rudes au toucher, remplies d'une liqueur qui s'épaissit à l'air libre et devient visqueuse; hautes de cinq décimètres, de la grosseur d'une plume de cygne. *RAMEAUX* peu nombreux, droits, de la forme et de la couleur des tiges.

FEUILLES recomposées et presque trois fois ailées, pétiolées, couvertes de poils courts et blanchâtres, longues de douze centimètres, larges de six: celles de la racine rapprochées en touffe et ouvertes; celles des tiges peu nombreuses et droites. *FEUILLES PRIMAIRES* sur quatre à six rangées, presque verticillées au nombre de quatre dans les feuilles radicales, simplement opposées dans les feuilles des tiges et des rameaux; toutes pétiolées, triangulaires, décroissant insensiblement de la base au sommet. *FEUILLES SECONDAIRES* sur deux ou trois rangées; les inférieures pétiolées, les supérieures sessiles. *FOLIOLES* en forme de coin, à trois divisions courtes, linéaires et obtuses.

PÉTIOLE COMMUN dilaté à sa base et engaînant la tige ou les rameaux, convexe et strié en dehors, creusé en dedans d'un profond sillon; de la couleur des feuilles et de la moitié de leur longueur. *PÉTIOLES PARTIELS* semblables au pétiole commun, très-courts.

OMBELLES au sommet des tiges et des rameaux, droites, solitaires, formées de vingt rayons; concaves, munies d'une collerette, larges de douze centimètres. *OMBELLES PARTIELLES* également munies d'une collerette, composées de douze à quinze fleurs; larges de deux centimètres.

Rayons ou **Pédoncules des Ombelles partielles** de la forme et de la couleur des tiges : les extérieurs ouverts, longs de huit centimètres ; les intérieurs droits et plus courts.

Collerettes formées de folioles droites, en lance, pointues, très-velues, blanchâtres, courtes, inégales, subsistantes.

Fleurs d'un blanc de lait, pédiculées, hermaphrodites, conformes dans le disque et à la circonférence : celles des rayons intérieurs sujettes à avorter.

Pédicules droits, cylindriques, striés, velus, à peine plus longs que les folioles des collerettes des ombelles partielles.

Calice adhérent à l'ovaire, ondé à son limbe et presque entier, hérissé de poils blanchâtres.

Pétales cinq, insérés sous le disque qui recouvre l'ovaire, très-ouverts, courbés à leur sommet, paroissant échancrés ou en cœur ; d'abord planes, ensuite réfléchis sur leurs bords ; presque égaux, l'extérieur un peu plus grand.

Étamines cinq, ayant la même attache et la même direction que les pétales, alternes avec eux et de la même longueur. *Filets* en alène, glabres, blanchâtres. *Anthères* vacillantes, arrondies, à deux loges, couleur de soufre.

Ovaire adhérent au calice, recouvert à son sommet d'un disque charnu, à deux lobes et jaunâtre. *Styles* deux, s'élevant du centre du disque, droits, filiformes, plus courts que les étamines, subsistans. *Stigmates* obtus.

Fruit ovale-arrondi, comprimé, muni d'un rebord membraneux et entier, relevé sur chaque face de trois stries peu apparentes, recouvert de poils blanchâtres et couchés. *Semences* planes.

Placenta ou **Axe central** filiforme, à deux divisions profondes qui s'insèrent chacune un peu au-dessous du sommet de chaque semence.

Obs. L'espèce que je viens de décrire semble indiquer qu'il existe une grande affinité entre l'*Heracleum* et le *Tordylium*. En effet, elle se rapproche du *Tordylium* par plusieurs caractères, et sur-tout par son fruit presque orbiculaire et un peu renflé sur ses bords. J'ai cru néanmoins devoir la rapporter, à l'exemple de Tournefort, au genre *Heracleum*, en considérant que son ombelle étoit régulière ; que ses collerettes plus courtes que les ombelles partielles, n'étoient point tournées d'un seul côté ; que son calice n'étoit point à cinq dents, et que les bords des semences n'étoient point subéreux et crénelés.

Expl. des fig. 1, Fleur de grandeur naturelle. 2, La même grossie du double. 3, La même dont on n'a conservé qu'un pétale, pour montrer le calice presque entier, l'insertion de la corolle et des étamines. 4, Pistil. 5, Fruit. 6, Le même ouvert, pour montrer le placenta auquel adhèrent les deux semences dont l'une est vue en dedans, et l'autre en dehors.

Dessiné par P. J. Redouté.

Gravé par Sellier

JASMINUM Geniculatum.

JASMINUM *GENICULATUM.*

FAM. des JASMINÉES, *JUSS.* — DIANDRIE MONOGYNIE, *LINN.* *Spec. Plant.* §. 1. *Foliis simplicibus.*

JASMINUM foliis ovatis, acutis, nitidis; petiolis geniculatis; floribus cymosis; caule volubili.

JASMINUM gracile. ANDREWS, *Botan. Reposit.* pl. 127.

Sous-Arbrisseau originaire des îles de la mer du Sud, cultivé chez Cels et à la Malmaison, remarquable par ses feuilles simples dont les pétioles sont coudés et articulés. Il passe l'hiver dans l'orangerie, et fleurit durant tout l'été.

TIGE grêle, cylindrique, voluble de gauche à droite ou s'élevant à l'aide des corps qu'elle rencontre et autour desquels elle s'entortille; nue et de couleur cendrée dans sa partie inférieure; feuillée, rameuse et d'un vert gai dans sa partie supérieure. *RAMEAUX* axillaires, opposés, ayant la direction, la forme et la couleur de la tige.

FEUILLES opposées, horizontales, pétiolées et se prolongeant sur le pétiole, ovales, aiguës, très-entières, glabres, luisantes, d'un vert gai, longues de cinq centimètres, larges de trois; les supérieures insensiblement plus courtes.

PÉTIOLES coudés et articulés dans leur partie moyenne, glabres, de la couleur des feuilles, très-courts. *ARTICULATION SUPÉRIEURE* convexe d'un côté, sillonnée de l'autre, tombant avec les feuilles. *ARTICULATION INFÉRIEURE* cylindrique, subsistante et devenant presque épineuse.

CÎMES ou FAUSSES OMBELLES au sommet des rameaux, formées de trois pédoncules cylindriques, glabres, d'un vert gai. *PÉDONCULES LATÉRAUX* ouverts, simples, à trois fleurs. *PÉDONCULE DU CENTRE* droit, quelquefois simple, plus souvent à trois divisions qui portent chacune trois fleurs, et dont les latérales sont munies de bractées.

FLEURS d'un blanc sale, pédiculées, très-odorantes, longues de seize millimètres, larges de deux centimètres.

PÉDICULES de la forme des pédoncules et de la longueur des fleurs : les deux latéraux munis de bractées.

BRACTÉES situées à la base extérieure des pédicules latéraux, et des divisions latérales du pédoncule du centre; horizontales, linéaires, aiguës, très-courtes.

CALICE très-petit, en cloche, divisé à son limbe en cinq dents courtes et droites; glabre, d'un vert gai, subsistant.

COROLLE d'une seule pièce, insérée sous l'ovaire, tubulée. *TUBE* cylindrique, insensiblement dilaté vers le sommet, de la longueur du pédicule. *LIMBE* à six ou sept divisions ovales-oblongues, aiguës, très-ouvertes et planes lorsque la fleur commence à s'épanouir; obliques, réfléchies et ondées lorsque la fleur se flétrit.

ÉTAMINES deux, attachées à la partie supérieure du tube. *FILETS* droits, très-courts. *ANTHÈRES* droites, linéaires, obtuses, comprimées, jaunâtres.

OVAIRE libre, arrondi, sillonné sur le milieu de chaque face. *STYLE* filiforme, de la longueur du tube. *STIGMATE* ovale-renversé, comprimé, fendu longitudinalement sur le côté.

FRUIT......

OBS. 1°. Le pétiole coudé et articulé dans le *JASMINUM geniculatum*, semble présenter une nouvelle preuve de l'affinité qui existe entre la famille des Jasminées et celle des Gattiliers. Ce caractère, qui n'a été encore observé dans aucune espèce de Jasmin, m'a paru devoir être choisi pour nommer l'espèce que je viens de décrire, et qui étoit gravée avant que j'eusse pu consulter l'ouvrage de M. Andrews.

2°. M. Forster a fait mention dans son *Prodromus Florulæ Insularum Australium*, d'une espèce de Jasmin qu'il a désignée par le nom de *Simplicifolium*, et qu'il a caractérisée par cette phrase : *JASMINUM foliis oppositis, ovato-lanceolatis, simplicibus.* Il est difficile de présumer que l'espèce de M. Forster soit la même que le *JASMINUM geniculatum*. Est-il probable que ce savant Naturaliste eût passé sous silence dans sa phrase, les caractères qui distinguent essentiellement l'espèce que je décris? D'ailleurs le nom de *Simplicifolium* qui convient à plusieurs Jasmins, ne peut pas être employé pour désigner particulièrement une espèce de ce genre.

Expl. des fig. 1, Corolle vue par-derrière. 2, La même ouverte pour montrer l'insertion des étamines. 3, Calice et Pistil.

Dessiné par P. J. Redouté. Gravé par Sellier

VILLARSIA ovata

VILLARSIA. *Gmelin.*

Fam. des Gentianées, *Vent.* — Pentandrie Monogynie, *Linn.*

CHARACTER ESSENTIALIS. *Calix* 5-partitus, persistens. *Corolla* rotata, limbo sæpiùs ciliato. *Stylus* brevissimus. *Capsula* 1-locularis, 2 valvis, valvularum marginibus incrassatis. *Placenta* in suturis capsulæ. *Semina* duplici serie longitudinaliter digesta, margine membranaceo cincta.

VILLARSIA *ovata.*

VILLARSIA foliis ovatis, erectis; floribus racemoso-paniculatis; corollis ciliatis.

Menyanthes ovata. Linn. *Supplem.* Aiton, *Hort. Kewens.* Willden. *Spec. Plant.* Lamarck, *Dict.*

Plante herbacée, vivace, originaire du Cap de Bonne-Espérance, ayant le port d'un Alisma, cultivée depuis plusieurs années chez Cels. Elle passe l'hiver dans l'orangerie, conserve ses feuilles radicales, et fleurit en messidor.

Racine fibreuse.

Tiges peu nombreuses, droites, cylindriques, quelquefois nues et semblables à des hampes, plus souvent garnies de trois ou quatre feuilles; simples, glabres, d'un vert-gai, hautes de cinq décimètres, de la grosseur d'une plume à écrire.

Feuilles droites, pétiolées, ovales, obtuses, ordinairement très-entières, quelquefois ondées sur leurs bords; relevées sur chaque surface de nervures fines et rameuses à leur sommet; glabres, un peu épaisses, planes, d'un vert-gai, d'une saveur amère, paroissant parsemées de points transparens lorsqu'on les observe à la loupe : celles qui naissent immédiatement du collet de la racine, au nombre de dix à douze, longues de huit centimètres, larges de quatre; celles qui naissent sur la tige, peu nombreuses, alternes, insensiblement plus courtes.

Pétioles dilatés à leur base et engaînant le collet de la racine ou la tige; droits, convexes d'un côté, creusés de l'autre d'un profond sillon, de la couleur des feuilles et trois fois plus longs.

Grappes axillaires et terminales, peu ouvertes, courtes, formant par leur ensemble, une panicule alongée, peu serrée et étroite.

Fleurs droites, pédiculées, munies de bractées, d'un beau jaune citron, sans odeur, larges de trois centimètres : les supérieures s'épanouissant les premières.

PÉDICULES droits, cylindriques, dilatés vers leur sommet, de la couleur des feuilles, longs d'un centimètre.

BRACTÉES droites, en lance, obtuses, convexes en dehors, concaves en dedans : celles des grappes terminales longues de deux centimètres ; celles des fleurs deux fois plus courtes.

CALICE d'une seule pièce, à cinq divisions profondes, ouvertes, ovales, aiguës, glabres, subsistantes, de la couleur et de la longueur des pédicules.

COROLLE insérée sous l'ovaire, monopétale, en roue. *TUBE* très-court. *LIMBE* à cinq divisions alternes avec celles du calice, ovales, obtuses, glabres et concaves en dehors, convexes et pubescentes en dedans, ciliées à leur base, munies vers leur sommet d'un rebord large, mince et frangé qui leur donne une forme arrondie.

ÉTAMINES cinq, très-courtes, insérées à l'orifice de la corolle, alternes avec ses divisions et de la même couleur. *FILETS* droits, cylindriques. *ANTHÈRES* adhérentes à la moitié supérieure des filets, en flèche, creusées intérieurement de deux sillons.

OVAIRE libre, conique, entouré à sa base de cinq glandes en forme de rein, alternes avec les étamines et d'un jaune doré. *STYLE* cylindrique, très-court. *STIGMATE* formé de deux lames droites, arrondies, frangées sur leurs bords.

FRUIT.....

OBS. 1°. Le genre *VILLARSIA* (1) établi par Walther, et nommé par Gmelin, est le même que le *NYMPHOÏDES*, TOURNEF. Ce genre a été réuni par Linnæus au *MENYANTHES* ; mais il en diffère par sa corolle en roue, par son style très-court, et sur-tout, comme l'a observé Gærtner, par son fruit dont les placentas n'adhèrent point au milieu des valves, et par ses semences comprimées et munies d'un rebord membraneux.

2°. J'ai rapporté dans le Tableau du Règne Végétal les *MENYANTHES* et *NYMPHOÏDES*, TOURNEF. à la Famille des Gentianées. En effet, les espèces de ces deux genres se rapprochent de cette famille, non-seulement par les caractères que fournit la structure du fruit, mais encore par leurs propriétés.

3°. Le genre *VILLARSIA* comprend les espèces suivantes :

V. *nymphoïdes* (MENYANTHES *nymphoïdes*, W. *Sp. pl.*). Foliis cordato-orbiculatis, natantibus ; floribus umbellatis ; corollis ciliatis.

V. *ovata* (MENYANTHES *ovata*, W. *Sp. pl.*). Foliis ovatis, erectis ; floribus racemoso-paniculatis ; corollis ciliatis.

V. *indica* (MENYANTHES *indica*, W. *Sp. pl.*). Foliis cordato-subrotundis, nervosis natantibus ; petiolis floriferis ; corollis internè pilosis.

V. *lacunosa* (ANONYMOS *aquatica*, WALTHER, *Flor. Carolin.* VILLARSIA *aquatica* (2). GMEL. *Syst. Veget.* et BOSC, *Bullet. de la Soc. Philom.*). Foliis reniformibus, subpeltatis, subtùs lacunosis, natantibus ; petiolis floriferis ; corollis glabris.

Expl. des fig. 1, Corolle vue en dehors. 2 et 3, Deux étamines dont une vue en dedans et l'autre en dehors. 4, Calice ouvert pour montrer les glandes qui entourent l'ovaire. 5, Pistil.

---

(1) Du nom du célèbre Auteur des Plantes du Dauphiné.

(2) Toutes les espèces de *VILLARSIA* sont aquatiques.

Dessiné par P. J. Redouté   Gravé par Sellier

IXIA Dubia

IXIA *DUBIA.*

FAM. des IRIDÉES, *JUSS.* — TRIANDRIE MONOGYNIE, *LINN.* *Spec. Plant. Edit. V. §. v. Scapo glabro, foliis longiore; foliis planis.*

IXIA foliis ensiformibus; scapo monostachyo; floribus maculatis; spatharum valvâ exteriore uniaristatâ, interiore biaristatâ.

Plante herbacée, vivace, originaire du Cap de Bonne-Espérance, cultivée depuis plusieurs années dans le jardin de Cels. Elle passe l'hiver dans l'orangerie, et fleurit au commencement de prairial.

BULBE arrondi, légèrement déprimé, de la grosseur d'une noisette, recouvert d'une tunique striée et de couleur brune.

FEUILLES radicales, droites, contournées à leur sommet, en forme d'épée, pointues, très-entières, glabres, relevées de plusieurs nervures; engaînantes sur un de leurs bords, d'un vert foncé; les intérieures plus longues.

HAMPE droite, cylindrique, grêle et presque filiforme, très-simple, engaînée à sa base, souvent munie d'une bractée dans sa partie moyenne; glabre, d'un vert-foncé, plus longue que les feuilles, haute de cinq décimètres. *BRACTÉE* très-petite, droite, linéaire, pointue, dilatée à sa base qui entoure la hampe en forme d'anneau.

ÉPI au sommet de la hampe, penché, globuleux, long de cinq centimètres.

FLEURS au nombre de douze, alternes, rapprochées, presque droites, sessiles, munies chacune d'une spathe, d'un jaune doré avec une tache de pourpre à leur base, peu odorantes, larges de trois centimètres.

SPATHES à deux valves membraneuses, transparentes, oblongues; l'extérieure surmontée d'une arête, l'intérieure de deux.

CALICE en forme de soucoupe. *TUBE* resserré au dessus de l'ovaire, cylindrique, grêle, un peu dilaté à son orifice, légèrement courbé, d'un jaune sale, trois fois plus long que la spathe. *LIMBE* très-ouvert, à six divisions ovales-oblongues, rétrécies en onglet à leur base, presque obtuses, égales, de la longueur du tube.

ÉTAMINES trois, insérées au sommet du tube, de la moitié de la longueur des divisions du limbe. *FILETS* en alène, très-courts, d'un pourpre foncé dans leur partie inférieure, d'un jaune doré dans leur partie supérieure. *ANTHÈRES* linéaires, échancrées à leur base, obtuses, s'ouvrant intérieurement

par deux sillons, de la couleur du limbe du calice, de la longueur des filets.
OVAIRE adhérent à la base du tube, triangulaire, à angles arrondis; glabre, verdâtre. *STYLE* filiforme, droit, de la couleur des anthères, un peu plus long que le tube du calice. *STIGMATES* trois, également filiformes, réfléchis à leur sommet, sillonnés intérieurement.
FRUIT......

Obs. 1°. J'ai donné le nom spécifique de *Dubia* à la plante que je viens de décrire, parce qu'elle tient le milieu entre les *Ixia erecta* et *maculata*, et que les caractères qui la rapprochent d'une de ces espèces, sont précisément ceux qui la distinguent de l'autre. En effet, les seules différences assignées par MM. Thunberg et Willdenow pour caractériser les *Ixia erecta* et *maculata*, consistent dans les fleurs qui sont d'une seule et même couleur, ou qui sont tachées à leur base (1). D'après l'exposition de ce caractère, l'*Ixia dubia* devroit être rapportée à l'*Ixia maculata;* mais elle en diffère par la forme de sa spathe qui la rapproche de l'*Ixia erecta.* Si les caractères fournis par la forme des spathes et par le nombre des épis, ne sont pas assez importans pour établir une distinction spécifique dans le genre *Ixia*, il semble qu'on devroit alors réunir les *Ixia erecta*, *dubia* et *maculata*, et les considérer comme variétés d'une seule espèce qui pourroit être désignée par le nom de *Nervosa*, puisque les feuilles de ces trois plantes sont toutes relevées de nervures assez saillantes.

2°. Je n'ai pas cru devoir insister dans l'observation précédente, sur le caractère fourni dans l'*Ixia dubia*, par la hampe qui ne produit qu'un seul épi; parce que j'ai observé des individus de l'*Ixia maculata* dont la hampe ne portoit pas plusieurs épis, et parce qu'il est probable que si la bractée située au milieu de la hampe dans l'*Ixia dubia*, venoit à s'alonger, il pourroit naître un second épi dans l'aisselle de cette bractée.

Expl. des fig. 1, Valve extérieure d'une des spathes. 2, Valve intérieure. 3, Calice ouvert, pour montrer l'attache des étamines.

---

(1) *Ixia erecta*, foliis ensiformibus; scapo polystachyo; floribus alternis immaculatis. WILLD. *Spec. Plant.*
Ixia maculata, foliis ensiformibus; scapo polystachyo; floribus alternis; corollis basi maculatis. WILLD. *Spec. Plant.*

11

Dessiné par P. J. Redouté — Gravé par Sellier

DILLENIA Volubilis.

DILLENIA *VOLUBILIS.*

FAM. des MAGNOLIERS, *JUSS.* — POLYANDRIE POLYGYNIE, *LINN.*

DILLENIA foliis obovato-lanceolatis, subintegerrimis, mucronatis, villosis; floribus solitariis, terminalibus; caule volubili.

DILLENIA humilis. DONN. *Catalog. Hort. Cantabr.* 64.

DILLENIA scandens. WILLDEN. *Spec. Plant.*

DILLENIA speciosa. CURTIS, *Magaz. Botan.* pl. 449 (exclusis omnibus synonymis).

HIBBERTIA volubilis. ANDREWS, *Botan. Reposit.* pl. 126.

DILLENIA turneræflora. GAWLER, *Recens. Plant. Botan. Reposit.* pag. 27.

Arbrisseau originaire de la Nouvelle-Hollande, cultivé chez Cels et à la Malmaison, remarquable par sa tige voluble, par ses feuilles articulées sur le pétiole, et recouvertes sur chaque surface de poils longs et couchés, ainsi que par l'odeur désagréable de ses fleurs. Il passe l'hiver dans l'orangerie, et fleurit durant le cours de l'été.

TIGES peu nombreuses, volubles de gauche à droite, cylindriques, rameuses, recouvertes d'une écorce mince et brune; glabres dans leur partie inférieure, et creusées de cicatrices orbiculaires formées par la chute des pétioles; velues et feuillées dans leur partie supérieure; hautes d'un mètre, de la grosseur du petit doigt. *RAMEAUX* alternes, ayant la direction, la forme et la couleur des tiges.

FEUILLES dépourvues de stipules; d'abord droites, pliées en deux et soyeuses: ensuite alternes, réfléchies, articulées sur un pétiole très-court, ovales-renversées, rétrécies dans leur partie inférieure et à bords roulés en dehors, surmontées d'une pointe courte à leur sommet, ordinairement très-entières, quelquefois ondées dans leur moitié supérieure et munies de tubercules qui les font paroître dentées; relevées d'une côte saillante et rameuse, veinées, velues, d'un vert-foncé en dessus et plus pâle en dessous, tombant promptement; les inférieures longues d'un décimètre et larges de quatre centimètres et demi, les supérieures plus courtes.

PÉTIOLES extrêmement courts, élargis à leur base qui embrasse presque entièrement la tige ou les branches, velus, subsistans après la chute des feuilles.

FLEURS au sommet des rameaux, solitaires, droites, presque sessiles, d'un beau jaune, répandant une odeur fétide, aussi grandes que celles du Ciste ladanifère.

CALICE formé de cinq folioles ouvertes, ovales, pointues, concaves, glabres en dedans, soyeuses en dehors, coriaces, d'un vert-blanchâtre, subsistantes, plus courtes que les pétales.

PÉTALES cinq, insérés sous l'ovaire, alternes avec les folioles du calice, ouverts en rose, ovales-renversés, rétrécis à leur base, finement crénelés, un peu concaves.

ÉTAMINES nombreuses, ayant la même attache que les pétales et trois fois plus courtes. *FILETS* droits, filiformes, d'un jaune pâle. *ANTHÈRES* adhérentes à la partie supérieure des filets, s'ouvrant en dedans par deux sillons; linéaires, obtuses, de la couleur des pétales.

OVAIRES huit, réunis intérieurement à leur base, ovales, comprimés, glabres, renfermant chacun plusieurs ovules ou rudimens de semences. *STYLES* en nombre égal à celui des ovaires, ouverts, cylindriques, glabres, blanchâtres, de la longueur des étamines. *STIGMATES* simples, concaves.

FRUIT......

OBS. 1°. L'espèce que je viens de décrire est évidemment congénère du *DILLENIA*, dont M. Thunberg a reformé le caractère générique dans le premier volume des Transactions de la Société Linnéène de Londres.

2°. Lorsque les tiges de *DILLENIA volubilis* commencent à pousser, elles s'élèvent dans une direction presque droite; mais à mesure qu'elles s'alongent, elles deviennent volubles ou se roulent et s'entortillent autour des corps qui les approchent.

3°. L'absence des stipules dans le *DILLENIA* paroît confirmer l'observation de Jussieu, qui pense que ce genre a de l'affinité avec les Magnoliers, mais qu'il ne doit pas en faire partie.

Expl. des fig. 1, Fleur dont on n'a conservé qu'un pétale, pour montrer l'insertion de la corolle et des étamines. 2, Une étamine de grandeur naturelle. 3, La même grossie. 4, Calice et Pistil.

Dessiné par P. J. Redouté. Gravé par Sellier

CROTON penicillatum

CROTON *PENICILLATUM.*

FAM. des EUPHORBES, *JUSS.* — MONOÉCIE MONADELPHIE, *LINN.*

CROTON foliis cordatis, integerrimis, ciliatis; petiolis basi apice que penicillatis; stipulis setosis, ramosis; caule fruticoso.

CROTON ciliato-glanduliferum. ORTEGA, *Decas quarta*, pag. 51.

Arbrisseau originaire de l'île de Cuba, remarquable par ses feuilles ciliées et par ses stipules formées de soies rameuses comme dans le *JATROPHA gossypifolia*, LINN.; contenant dans toutes ses parties un suc laiteux, âcre et caustique. Il passe l'hiver dans la serre-chaude, et fleurit pendant tout l'été.

RACINE blanchâtre, rameuse, épaisse et presque charnue.

TIGE droite, cylindrique, recouverte dans sa partie inférieure d'un épiderme cendré; rameuse dans la supérieure, et parsemée de poils blanchâtres et couchés; haute de huit décimètres, de la grosseur d'une plume de cygne. *BRANCHES* alternes, ouvertes, cylindriques, feuillées, presque drapées. *RAMEAUX* ayant la direction, la forme et la couleur des branches.

FEUILLES alternes, horizontales ou presque pendantes, pétiolées, munies de stipules, en forme de cœur, aiguës, très-entières, bordées de cils roides et glanduleux, relevées en dessous d'une côte rameuse, creusées en dessus d'un pareil nombre de sillons; molles, recouvertes sur chaque surface et principalement sur l'inférieure de poils courts, blanchâtres et disposés en étoile; répandant, lorsqu'on les froisse, une odeur de marrube, longues de sept centimètres, larges de quatre.

PÉTIOLES horizontaux, cylindriques, drapés, munis sur chaque côté de leur sommet d'un petit faisceau de soies rameuses et glanduleuses; de la moitié de la longueur des feuilles.

STIPULES distinctes du pétiole et insérées au-dessous de sa base, subsistantes après la chute des feuilles, formées d'un faisceau de soies rameuses, glanduleuses, inégales, longues de sept millimètres.

GRAPPES au sommet de la tige, des branches et des rameaux; solitaires, droites, simples, monoïques, longues de quatre centimètres.

FLEURS pédiculées, larges de quinze millimètres : les inférieures femelles et dépourvues de corolle; les supérieures mâles, ayant une corolle d'un blanc de lait.

PÉDICULES presque droits, de la forme et de la couleur des pétioles, munis à leur base et à leur sommet d'un petit faisceau de soies rameuses et glanduleuses; longs d'un centimètre.

Fleurs mâles.

CALICE formé de cinq folioles ouvertes, ovales, aiguës, convexes et drapées en dehors, concaves et glabres intérieurement.

PÉTALES cinq, insérés sur un disque glanduleux situé au fond du calice; ouverts, en forme de spatule, alternes avec les folioles du calice et plus longs.

ÉTAMINES nombreuses, attachées au disque qui porte les pétales. *FILETS* disposés sur trois rangées, capillaires, d'un blanc de neige, plus longs que les pétales. *ANTHÈRES* droites, linéaires, comprimées, s'ouvrant sur les sillons latéraux, de la couleur des filets.

Fleurs femelles.

CALICE à cinq ou six folioles droites, oblongues, aiguës, drapées, ciliées, subsistantes.

COROLLE nulle.

OVAIRE porté sur un disque glanduleux et jaunâtre; entouré à sa base de soies simples ou rameuses, arrondi, creusé de trois sillons, hérissé de poils blancs. *STYLES* trois, à cinq ou six divisions ouvertes, filiformes, velues dans leur partie inférieure, subsistantes, plus longues que le calice. *STIGMATES* recourbés et comme crochus, sillonnés en dehors.

FRUIT recouvert par le calice; arrondi, creusé de trois sillons, formé de trois coques, drapé, couronné des styles subsistans. *COQUES* s'ouvrant avec élasticité en deux valves qui se contournent; à une seule semence.

PLACENTA central, cylindrique, épaissi à son sommet et divisé en trois lobes qui pénètrent chacun dans une coque et adhèrent aux semences. *SEMENCES* solitaires, convexes en dehors, anguleuses intérieurement, munies d'un tubercule à leur sommet, d'un gris de perle, luisantes.

OBS. L'enveloppe intérieure du CROTON *penicillatum* ne peut pas être considérée comme faisant partie du calice, puisqu'elle se sépare facilement de cet organe, comme on le voit dans la figure 2. Il ne paroît pas non plus que les étamines soient monadelphes dans cette espèce, à moins qu'on ne prenne pour leur base le disque sur lequel elles sont insérées ainsi que la corolle.

Expl. des fig. 1, Fleur mâle. 2, La même dont on a retranché le calice, présentée en dessous, pour montrer le disque qui porte la corolle et les étamines. 3, Fleur femelle. 4, La même sans calice, pour montrer l'ovaire entouré à sa base de filets rameux, et les trois styles divisés. 5, Fruit. 6, Le même sans calice. 7, Placenta. 8, Une coque vue intérieurement. 9, Deux semences vues sur chacune de leurs faces.

Dessiné par P. Bessa élève de Redouté.

Gravé par Sellier.

MIMOSA floribunda

MIMOSA *FLORIBUNDA.*

FAM. des LÉGUMINEUSES, *Juss.* — POLYGAMIE MONOÉCIE, *LINN. Syst. Vegetab.* §. 1. *Foliis simplicibus.*

MIMOSA foliis sparsis, lanceolato-linearibus, subfalcatis; spicis axillaribus, longitudine foliorum; petalis reflexis.

Arbrisseau originaire de Botany-Bay, d'un port élégant, couvert dans la partie supérieure de ses rameaux, de fleurs qui répandent une odeur agréable, et dont la couleur jaune-soufre forme un contraste agréable avec le vert tendre des feuilles. Il est cultivé depuis plusieurs années chez M. Cels. Il passe l'hiver dans l'orangerie, et fleurit au commencement du printemps.

TIGE droite, cylindrique, très-rameuse, d'un brun cendré, haute de deux mètres, deux fois plus grosse que le pouce. *BRANCHES* alternes, ouvertes, courbées à leur sommet, anguleuses, flexibles, d'un brun rougeâtre, nues dans leur partie inférieure et parsemées de tubercules sur lesquels étoient insérées les feuilles. *RAMEAUX* nombreux, rapprochés, ayant la direction, la forme et la couleur des branches; paroissant glanduleux et pubescens lorsqu'on les observe avec la loupe.

FEUILLES éparses, droites, sessiles et articulées sur un tubercule saillant, obliques, linéaires et en lance, amincies à leur base et à leur sommet, surmontées d'une petite pointe, légèrement courbées en faux, striées ou relevées de quelques nervures; d'un vert gai, blanchâtres et cartilagineuses sur leurs bords, longues d'un décimètre, larges de cinq millimètres; les supérieures insensiblement plus courtes.

ÉPIS axillaires, solitaires, horizontaux et recourbés, grêles, presque semblables aux chatons du Chêne roure, de la longueur des feuilles. *AXES* des *ÉPIS* cylindriques, glabres, d'un jaune très-pâle, entourés à leur base de petites écailles ou débris des bourgeons, munis par intervalles de fleurs groupées et dont la plupart tombent avant de s'épanouir.

FLEURS rapprochées deux à deux et presque opposées sur l'axe de l'épi, horizontales, munies de bractées; le plus souvent hermaphrodites, quelquefois simplement mâles, d'un jaune soufre, répandant une foible odeur de jasmin, longues et larges de cinq millimètres.

BRACTÉES situées à la base des fleurs, ovales, obtuses, concaves, membraneuses, de couleur de rouille, de la longueur du calice, tombant promptement.

Calice d'une seule pièce, en cloche, membraneux, d'un jaune très-pâle, divisé à son limbe en quatre ou cinq dents, trois fois plus court que la corolle.

Corolle formée de quatre ou cinq pétales attachés à la base du calice, et alternes avec les découpures de son limbe, réfléchis et recourbés, ovales, aigus.

Étamines nombreuses, insérées sur le calice au-dessous de la corolle. *Filets* libres dans toute leur étendue, rapprochés à leur base, étalés en forme de houppe dans leur partie supérieure, capillaires, de la couleur des pétales et deux fois plus longs. *Anthères* droites, arrondies, à deux lobes, très-petites, de la couleur des filets.

Ovaire libre, ovale, légèrement comprimé, glabre, verdâtre. *Style* latéral, capillaire, droit, lâche, plus long que les étamines. *Stigmate* simple, obtus.

Fruit . . . . .

Obs. 1°. Les espèces du genre *Mimosa* Linn. diffèrent entr'elles non-seulement par leur port, mais encore par le plus grand nombre des caractères de la fructification. Les unes ont les fleurs hermaphrodites, et les autres ont les fleurs simplement mâles ou femelles. La corolle est ordinairement polypétale ou monopétale, et quelquefois il n'existe aucune trace de cet organe. Les étamines sont nombreuses ou en nombre déterminé; et leurs filets sont distincts ou monadelphes. Le fruit présente également de grandes différences. Le péricarpe d'une substance membraneuse, ou charnue, ou ligneuse, est continu ou articulé; et le nombre des semences est sujet à varier. Il est évident que des caractères si opposés nécessitent des divisions dans le genre *Mimosa* Linn.

2°. J'ai rapporté à la section des feuilles simples la plante que je viens de décrire: mais comme il est reconnu que l'organe auquel on donne le nom de *Feuilles* dans plusieurs espèces du genre *Mimosa*, est un vrai pétiole, puisqu'il porte des feuilles dans les jeunes individus qui proviennent de graines, il paroît nécessaire d'établir dans ce genre une nouvelle section qui comprendra les espèces dont les tiges adultes portent des pétioles dépourvus de feuilles.

3°. Le *Mimosa floribunda* se rapproche par quelques caractères des espèces nommées *suaveolens* (1) et *longifolia* (2). Il se distingue aisément de la première par ses fleurs qui ne sont point pédiculées et disposées en grappes; et il diffère sur-tout de la seconde par ses épis alternes, grêles et alongés. Il est probable que le fruit, s'il étoit connu, fourniroit encore des différences.

Expl. des fig. 1, Fleur peu développée, munie d'une bractée à sa base. 2, La même épanouie. 3, Un pétale. 4, Calice. 5, Une étamine. 6, Le pistil. (Figures grossies.)

---

(1) Smith *Transact. of the Linn. Societ.* vol. 1, pag. 253.

(2) Andrews *Botan. Reposit.* pag. et pl. 207.

Dessiné par P. Bessa élève de Redouté. Gravé par Sellier.

ANAGALLIS fruticosa.

ANAGALLIS *FRUTICOSA.*

FAM. des LYSIMACHIES, *JUSS.* — PENTANDRIE MONOGYNIE, *LINN.*

ANAGALLIS foliis ternis, cordato-lanceolatis, amplexicaulibus; caule fruticoso, tereti; ramis angulosis.

Arbuste remarquable par ses fleurs très-grandes et couleur de coquelicot; originaire d'Afrique, cultivé depuis cinq ans chez M. Cels, de graines envoyées de Mogador par M. Broussonet. Il passe l'hiver dans l'orangerie, et fleurit presque toute l'année.

RACINE rameuse, fibreuse, d'un brun cendré.

TIGE de la grosseur d'une plume à écrire, haute de six décimètres; droite, cylindrique, rameuse et recouverte d'un épiderme gercé et de couleur brune dans sa partie inférieure; flexible, tombante, tétragone, feuillée et d'un vert pâle avec une teinte violette dans sa partie supérieure. *RAMEAUX* disposés en verticilles, au nombre de trois, glabres, ayant la direction, la forme et la couleur de la partie supérieure de la tige.

FEUILLES verticillées au nombre de trois, horizontales et réfléchies, échancrées à leur base, embrassant la tige ou les rameaux, en lance, aiguës, glabres, un peu rudes au toucher sur leurs bords, relevées sur la surface inférieure de trois nervures, dont deux latérales peu saillantes; creusées sur la supérieure d'un pareil nombre de sillons; d'un vert foncé en dessus, d'un vert pâle en dessous, plus courtes que les entre-nœuds, larges de sept millimètres.

FLEURS dans les aisselles des verticilles supérieurs, en nombre égal à celui des feuilles, pédiculées, horizontales, couleur de coquelicot, larges de vingt-deux millimètres.

PÉDICULES opposés aux feuilles et plus longs; cylindriques, recourbés, glabres, s'alongeant à mesure que le fruit se forme.

CALICE à cinq divisions profondes, en lance, pointues, convexes et relevées d'une nervure longitudinale, membraneuses sur leurs bords, plus courtes que la corolle, subsistantes.

COROLLE monopétale, hypogyne, en forme de roue. *TUBE* presque nul. *LIMBE* à cinq divisions profondes, alternes avec les découpures du calice, très-ouvertes, ovales-arrondies, légèrement crénelées, rétrécies en onglet dans leur partie inférieure qui est d'un rouge de carmin.

Étamines cinq, insérées à la base de la corolle, opposées à ses divisions et plus courtes. *Filets* droits, en alène, velus, d'un rouge violet. *Anthères* mobiles, linéaires, obtuses, s'ouvrant sur les sillons latéraux, d'un jaune citron.

Ovaire libre, globuleux, blanchâtre. *Style* filiforme, abaissé et recourbé, de la couleur et de la longueur des filets, subsistant. *Stigmate* en tête, verdâtre.

Capsule recouverte par le calice, globuleuse, surmontée du style, relevée de cinq nervures peu apparentes, à une loge, s'ouvrant transversalement, d'un brun cendré.

Semences nombreuses, anguleuses, tronquées à leur sommet, de couleur cendrée, portées sur un placenta central, libre, globuleux, creusé d'alvéoles ou petites cellules.

Obs. L'*Anagallis fruticosa* se distingue de toutes les espèces connues du genre par sa tige ligneuse, et par la couleur de ses fleurs.

Expl. des fig. 1, Fleur vue par derrière. 2, Corolle vue en dehors. 3, Une étamine de grandeur naturelle. 4, Calice et Pistil. 5, Capsule recouverte par le calice et surmontée du style. 6, La même dont on a retranché les divisions du calice; s'ouvrant transversalement en deux valves. 7, Une semence.

Dessiné par P. J. Redouté

Gravé par Sellier

COLLETIA serratifolia

COLLETIA *SERRATIFOLIA.*

FAM. des NERPRUNS, *JUSS.* — PENTANDRIE MONOGYNIE, *LINN.*

COLLETIA foliis oblongis, obtusis, argutè serratis; floribus apetalis. VENT. *Hort. Cels.* pag. 92.

RHAMNUS spartium. *Ex Herbario* DOMBEY.

Arbrisseau épineux, ayant le port d'un LYCIUM, originaire du Pérou, se distinguant aisément des autres espèces du genre par ses feuilles nombreuses, dentées en scie et subsistantes.

TIGE droite, cylindrique, garnie d'un grand nombre de rameaux, noueuse, munie d'épines, glabre, d'un vert cendré. *BRANCHES* opposées, très-ouvertes, feuillées, pliantes, de la forme et de la couleur de la tige. *RAMEAUX* axillaires, nombreux, rapprochés, horizontaux, opposés en croix, épineux vers leur sommet, entourés à leur base de quelques écailles des boutons; de la forme et de la couleur des branches.

ÉPINES naissant dans les aisselles des branches, des rameaux et des feuilles; opposées en croix, très-ouvertes, simples, souvent nues, quelquefois feuillées, de la longueur des entre-nœuds.

FEUILLES dans les nœuds des branches et des rameaux, entourées à leur base de quelques écailles subsistantes des boutons, qu'on prendroit pour des stipules; opposées, horizontales, pétiolées, oblongues, obtuses, dentées en scie, relevées d'une côte saillante, glabres, d'un vert foncé en dessus, d'un vert pâle en dessous, longues de douze millimètres, larges de cinq.

PÉTIOLES ouverts, très-courts, convexes en dehors, sillonnés intérieurement, glabres, de la couleur des feuilles.

PÉDONCULES quelquefois solitaires, plus souvent au nombre de deux ou de trois, axillaires, entourés à leur base des écailles subsistantes des boutons; un peu courbés, filiformes, à une fleur, glabres, de la couleur et de la longueur des feuilles.

FLEURS penchées, d'un jaune sale, longues de neuf millimètres, larges de cinq.

CALICE en godet, glabre, divisé à son limbe en cinq découpures réfléchies, ovales, aiguës, très-courtes; muni intérieurement à sa base de cinq plis en forme d'écailles, relevé de dix nervures peu apparentes, dont cinq correspondent aux divisions du limbe, et cinq aux étamines.

ÉTAMINES cinq, insérées dans les sinus du limbe du calice. *FILETS* nuls. *ANTHÈRES* arrondies, à deux lobes, s'ouvrant latéralement.

OVAIRE en forme de poire renversée, creusé de trois sillons, glabre. *STYLE* cylindrique, de la longueur du calice. *STIGMATE* obtus, à trois dents.

FRUIT porté sur la base subsistante du calice, formé de trois coques, d'un brun clair. *COQUES* recouvertes d'une écorce qui se détache aisément, s'ouvrant intérieurement avec élasticité en deux valves, ne contenant qu'une semence.

SEMENCES adhérentes par leur base au fond de la coque, convexes d'un côté, relevées de l'autre d'une nervure et creusées de deux cavités; luisantes, noirâtres.

Expl. des fig. 1, Fleur de grandeur naturelle. 2, La même grossie et ouverte, pour montrer l'attache des étamines, et les cinq plis en forme d'écailles situés à la base intérieure du calice. 3, Pistil. 4, Fruit.

Dessiné par P. J. Redouté.

Gravé par Sellier

COLLETIA Ephedra

COLLETIA *EPHEDRA.*

FAM. des NERPRUNS, *JUSS.* — PENTANDRIE MONOGYNIE, *LINN.*

COLLETIA aphylla; ramis erectis, implexis, apicè spinosis; floribus in nodis ramulorum glomeratis.

RHAMNUS ephedra. *Ex Herbario* DOMBEY.

Arbrisseau ayant le port d'un EPHEDRA, originaire du Pérou, divisé en un grand nombre de rameaux dépourvus de feuilles, et terminés à leur sommet par une épine.

TIGE droite, cylindrique, noueuse, très-rameuse, recouverte d'un épiderme gercé et d'un vert cendré. *BRANCHES* opposées, rapprochées, presque droites, de la forme et de la couleur de la tige, garnies de rameaux dans toute leur longueur. *RAMEAUX* dans les nœuds des branches, munis à leur base et dans leur étendue des écailles subsistantes des boutons; opposés en croix, rapprochés, droits, entrelacés, cylindriques, terminés à leur sommet par une épine.

ÉCAILLES droites, ovales, pointues, parsemées en dehors de poils courts et peu apparens, velues en dedans, de couleur de rouille, extrêmement courtes, subsistantes : celles de la base et de la partie supérieure des rameaux, nombreuses et verticillées sur deux ou trois rangées; celles de la partie inférieure et moyenne au nombre de deux, opposées en croix.

FLEURS dans les nœuds des rameaux, entourées d'écailles à leur base, rapprochées par petits paquets opposés, de la grandeur de celles de l'Alaterne : les extérieures sessiles; celles du centre pédiculées.

PÉDICULES droits, cylindriques, pubescens, à une fleur, très-courts.

CALICE en godet, pubescent en dehors, velu intérieurement à sa base, divisé à son limbe en cinq découpures, droites, ovales, aiguës.

PÉTALES cinq, insérés au dessous du limbe du calice et alternes avec ses découpures; semblables à des écailles, ovales-arrondis, glabres, concaves, recouvrant les anthères.

ÉTAMINES cinq, attachées au milieu du calice et plus courtes. *FILETS* comprimés, adhérens au calice dans presque toute leur étendue, libres et coudés vers leur sommet. *ANTHÈRES* arrondies, à deux lobes, s'ouvrant latéralement.

OVAIRE libre, globuleux, velu, creusé de trois sillons peu apparens. *STYLE* cylindrique, épais, très-court. *STIGMATE* obtus, à trois dents.

FRUIT......

Obs. 1°. Le nom spécifique d'*Ephedra* donné par Dombey à la plante que je viens de décrire, est une preuve que cette espèce est distincte du *COLLETIA obcordata* (1), dont les boutons à fleurs et à feuilles se développent en même temps. Est-il probable que le savant Naturaliste français qui avoit observé plusieurs individus du *COLLETIA ephedra*, qui en avoit récolté un grand nombre d'échantillons, eût désigné cette espèce par le nom d'un végétal absolument dépourvu de feuilles, sans avoir acquis auparavant la certitude que ce nom convenoit parfaitement à la plante qu'il avoit découverte?

2°. Le *COLLETIA ephedra* ne diffère pas seulement du *COLLETIA obcordata* par l'absence des feuilles; il se distingue encore par ses rameaux droits, entrelacés et simplement épineux à leur sommet, par son inflorescence, &c. &c.

Expl. des fig. 1, Fleur de grandeur naturelle. 2, La même grossie et ouverte, pour montrer l'attache et la forme des pétales qui recouvrent les anthères. 3, Pistil grossi.

---

(1) *Hort. Cels.* pag. et pl. 92.

Dessiné par P. Bessa élève de Redouté. Gravé par Selbée

SPARTIUM sericeum

SPARTIUM *SERICEUM.*

FAM. des LÉGUMINEUSES, *Juss.* — DIADELPHIE DÉCANDRIE, *LINN. Syst. Vegetab.* §. 11. *Foliis ternatis.*

SPARTIUM ramis striatis, inferioribus aphyllis; foliolis subtùs sericeis; floribus terminalibus, capitatis; leguminibus subclavatis, monospermis.

Arbrisseau cultivé depuis quelques années chez M. Cels, de graines envoyées de Mogador par M. Broussonet; remarquable par ses feuilles soyeuses et argentées, et par ses fleurs d'un jaune doré, rapprochées en tête et presque disposées en ombelle au sommet des rameaux.

TIGE droite, cylindrique, très-rameuse, recouverte d'un épiderme qui est de couleur cendrée, et qui s'enlève par lambeaux; haute de neuf décimètres, de la grosseur du petit doigt. *BRANCHES* d'un vert cendré, alternes et rapprochées, droites, cylindriques, striées, nues vers leur base et hérissées de tubercules, feuillées dans leur partie supérieure, parsemées dans toute leur étendue de poils couchés. *RAMEAUX* axillaires, ayant la direction et la forme des branches : les inférieurs nus et d'un vert cendré; les supérieurs blanchâtres, soyeux et garnis de feuilles dans toute leur étendue.

FEUILLES alternes, quelques-unes très-rapprochées et paroissant verticillées; droites, pétiolées, articulées, ternées, soyeuses et argentées sur la surface inférieure, velues et d'un vert pâle sur la supérieure. *FOLIOLES* peu écartées les unes des autres, sessiles, linéaires et en lance, aiguës, concaves, longues d'un centimètre, larges de deux millimètres.

PÉTIOLES très-courts, semblables à des tubercules saillans; convexes et striés en dehors, soyeux, subsistans.

FLEURS au sommet des branches et des rameaux, nombreuses, rapprochées en une tête déprimée, presque sessiles, munies de bractées, d'un jaune doré, de la grandeur de celles du *SPARTIUM triquetrum* : les extérieures se développant les premières.

PÉDICULES extrêmement courts, cylindriques, soyeux, blanchâtres.

BRACTÉES au nombre de trois, droites, très-velues, d'un jaune pâle : une à la base du pédicule, concave, en lance, pointue; les deux autres au sommet du pédicule, opposées, linéaires.

CALICE tubulé, soyeux en dehors, glabre en dedans, divisé à son limbe en deux lèvres ; subsistant. *Lèvre supérieure* à deux découpures ovales, aiguës. *Lèvre inférieure* plus longue, à trois dents.

Corolle attachée à la base du calice, papillonacée, formée de cinq pétales munis chacun d'un onglet à leur base. *Étendard* droit, ovale-arrondi, strié. *Ailes* rapprochées de l'étendard et plus courtes, recouvrant la carène, oblongues, obtuses, munies d'une oreillette sur le côté de la base qui est opposé à l'onglet. *Carène* divisée en deux pétales soyeux en dehors, de la forme des ailes et plus courts.

Étamines dix, insérées sur le calice au-dessous de la corolle. *Filets* d'un jaune très-pâle, réunis dans presque toute leur étendue en une gaîne légèrement comprimée (*monadelphes*), libres vers leur sommet, alternativement plus courts. *Anthères* linéaires, vacillantes, d'un jaune doré.

Ovaire linéaire, légèrement comprimé, soyeux. *Style* filiforme, courbé, blanchâtre, subsistant. *Stigmate* simple.

Légume entouré du calice à sa base, surmonté du style ; renflé, presque en forme de massue, laineux, blanchâtre, à une loge, s'ouvrant en deux valves, ne contenant qu'une seule semence.

Semence ovale, obtuse, légèrement comprimée, d'un jaune très-pâle, attachée par un cordon ombilical vers le sommet de la suture supérieure.

Obs. Les genres nommés par Linnæus *Spartium*, *Genista* et *Cytisus* sont si difficiles à déterminer, que jusqu'à présent aucun Botaniste n'a fixé avec exactitude leurs véritables limites (1). L'espèce que je viens de décrire est évidemment congénère du *Spartium* de Tournefort ; et ce genre qui a été réuni par Mrs de Lamarck et de Jussieu, me paroît non-seulement devoir être conservé, mais encore devoir être établi sur les caractères assignés par l'immortel Auteur des *Institutiones Rei Herbariæ*.

Expl. des fig. 1, Fleur pédiculée et munie de bractées. 2, Pétales. 3, Calice et organes sexuels. 4, Gaîne des étamines ouverte. 5, Pistil. 6, Fruit. 7, Une valve du légume avec la semence.

---

(1) Voyez *Tableau du Règne Végétal*, vol. 3, pag. 589 ; et *Generos y Especies de Plantas demostradas en las lecciones públicas del Signor* Cavanilles, *Ano* 1802, pag. 535.

18.

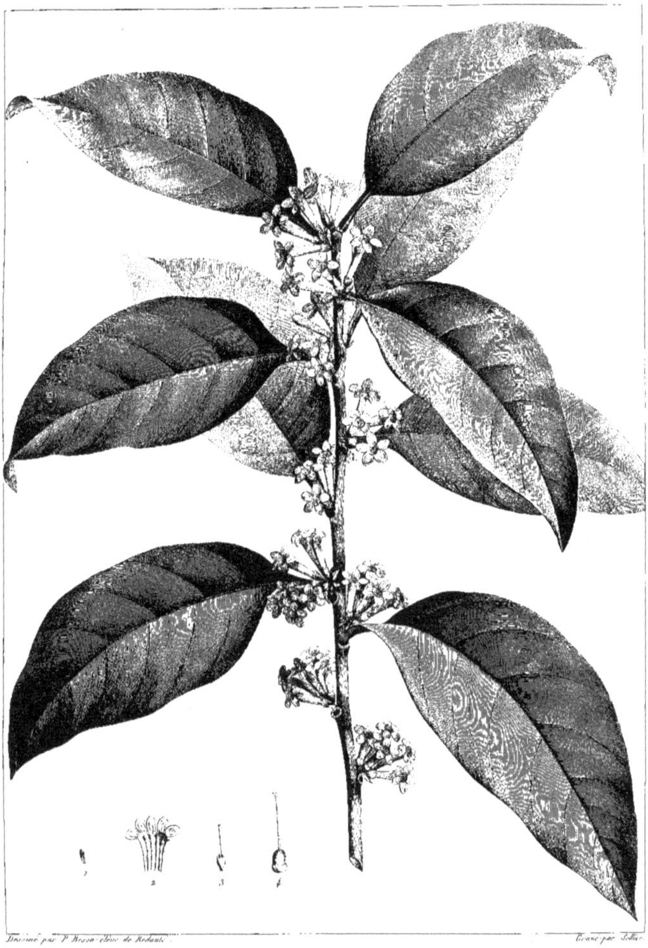

Dessiné par P. Bessa élève de Redouté. Gravé par Sellier.

CESTRUM macrophyllum.

CESTRUM *MACROPHYLLUM.*

FAM. des SOLANÉES, *JUSS.* — PENTANDRIE MONOGYNIE, *LINN.*

CESTRUM filamentis denticulatis; foliis ovato-oblongis, acuminatis, glaberrimis; floribus fasciculatis, sessilibus.

Arbrisseau toujours vert, originaire des Antilles, trouvé à Porto-Ricco, par Riedlé, jardinier de l'expédition commandée par le Capitaine Baudin, cultivé depuis plusieurs années chez M. Cels. Il passe l'hiver dans la serre chaude, et fleurit au commencement de l'automne.

RACINE rameuse, de couleur cendrée.

TIGE haute de deux mètres, de la grosseur du pouce, droite, cylindrique, rameuse, recouverte d'une écorce qui est mince, d'un gris cendré et peu gercée. *RAMEAUX* alternes, ouverts, de la forme de la tige, articulés à leur base, feuillés dans toute leur étendue, d'un vert foncé dans leur partie supérieure.

FEUILLES alternes, peu rapprochées, horizontales et réfléchies, pétiolées, ovales-oblongues, terminées en pointe, très-entières, légèrement ondées, parfaitement glabres, relevées d'une côte saillante et noirâtre, veinées, d'un vert foncé en dessus et plus pâle en dessous, subsistantes pendant l'hiver, paroissant pointillées, lorsqu'on les observe à la loupe; répandant, lorsqu'on les froisse, une odeur qui approche de celle des feuilles du Noyer; longues de seize centimètres, larges de huit.

PÉTIOLES horizontaux, articulés à leur base, cylindriques, sillonnés intérieurement, très-glabres, d'un pourpre noirâtre, longs de deux centimètres.

FLEURS éparses dans la partie supérieure de la tige et sur les rameaux, axillaires ou naissant au-dessus de l'articulation des pétioles, rapprochées par petits bouquets; sessiles, munies de bractées, peu odorantes, d'abord d'un blanc de lait, ensuite d'un jaune pâle, enfin de couleur de rouille et se flétrissant; longues de seize millimètres, larges de dix.

BRACTÉES droites, linéaires, concaves, recouvertes d'un duvet de couleur de rouille, longues de cinq millimètres, tombant promptement.

CALICE d'une seule pièce, tubulé, glabre, d'un vert pâle, divisé à son limbe en cinq dents droites et très-courtes.

COROLLE monopétale, insérée sur le réceptacle de l'ovaire, en forme d'entonnoir. *Tube* insensiblement dilaté, trois fois plus long que le calice. *Limbe* ouvert, à cinq divisions ovales et aiguës.

Étamines cinq, insérées vers la base de la corolle, renfermées dans le tube. *Filets* capillaires, adhérens au tube dans leur partie inférieure, libres dans la supérieure, légèrement coudés dans la moyenne et munis d'une petite dent. *Anthères* arrondies, à deux lobes distincts, de couleur brune.

Ovaire libre, ovale-arrondi, d'un blanc jaunâtre, porté sur un réceptacle peu saillant *Style* filiforme, un peu plus long que les étamines, renfermé dans le tube, blanchâtre. *Stigmate* épais, obtus, formé de deux lames qui se rejoignent par leurs bords et représentent un petit entonnoir.

Fruit......

Obs. 1°. La plante que je viens de décrire a de si grands rapports avec le *Cestrum laurifolium*, qu'il pourroit se faire qu'elle n'en fût qu'une variété. Elle se distingue néanmoins par l'époque de son inflorescence; par ses feuilles très-grandes, moins rapprochées, et presque point coriaces; par ses fleurs absolument sessiles, et d'un blanc de lait, lorsqu'elles sont fraîchement écloses; par les filets des étamines qui, dans toutes les fleurs que j'ai observées, sont constamment pourvus d'une petite dent; et par la présence des bractées qui sont peu apparentes, selon L'Héritier, dans le *Cestrum laurifolium.*

2°. Le *Cestrum macrophyllum* est cultivé dans presque tous les jardins de Paris. J'ai vu au Val-de-Grace des individus de cette plante dont les pousses de l'année avoient plus d'un mètre de longueur.

3°. Le *Cestrum* dont l'embryon n'est point roulé en spirale ou courbé en anneau, dont les cotylédons sont orbiculaires et planes, et dont les fleurs ne sont point extra-axillaires, appartient-il véritablement à la famille des *Solanées*? Ce genre ne pourroit-il pas être rapporté aux *Jasminées*, puisqu'il n'en diffère que par le nombre des étamines? Ses caractères annonceroient-ils simplement que les *Solanées* et les *Jasminées* doivent être rapprochées dans l'ordre naturel, et qu'il fournit une transition entre ces deux familles?

Expl. des fig. 1, Une bractée. 2, Corolle ouverte pour montrer les dents situées au milieu des filets des étamines. 3, Calice et Pistil. 4, Pistil grossi pour montrer le réceptacle de l'ovaire et la forme du stigmate.

Dessiné par P. Bessa élève de Redouté.

Gravé par Sellier.

CORYDALIS fungosa

CORYDALIS (1) *FUNGOSA.*

FAM. des PAPAVÉRACÉES, *JUSS.* — DIADELPHIE HEXANDRIE, *LINN.*

CORYDALIS caule scandente; racemis axillaribus, corymbosis, cernuis; corollis monopetalis, basi bigibbis.

FUMARIA *fungosa.* Floribus basi bigibbis; siliquis linearibus, ancipitibus, corollâ fungoso-inflatâ tectis; foliis scandentibus. *AIT. Hort. Kewens.* 3. pag. 1.

FUMARIA *fungosa.* Caule scandente; corymbis axillaribus; corollis basi bigibbis. *WILLDEN. Spec. Plantar.*

FUMARIA *recta.* Caule subscandente; foliis cirrhatis; spicis laxifloris; corollâ majusculâ, rectâ, basi subæquali. *MICH. Flor. Boreali-Americ.* 2. pag. 51. *Ex Herbar. MICHAUX.*

Plante herbacée, bisannuelle, grimpante, originaire du Nord de l'Amérique, s'élevant à un mètre et demi; fleurissant au commencement de l'été. Son feuillage ressemble beaucoup à celui du *THALICTRUM minus.*

TIGES nombreuses, de la grosseur d'une plume à écrire, s'élevant autour des corps qu'elles rencontrent par le moyen des vrilles qui terminent les feuilles; cylindriques, très-simples, glabres, profondément striées, d'un vert pâle avec une légère teinte purpurine.

FEUILLES alternes, distantes, horizontales, pétiolées, surcomposées, terminées à leur sommet par une vrille rarement simple, plus souvent rameuse, et quelquefois munie de très-petites feuilles. *FEUILLES PRIMAIRES* pétiolées, deux fois ternées. *FEUILLES SECONDAIRES* pétiolées et simplement ternées. *FOLIOLES* se prolongeant sur leurs pétioles, en forme de coin, ordinairement à trois lobes, munies d'une glande à leur sommet; glabres, veineuses, d'un vert foncé en dessus, d'un vert plus pâle et presque glauque en dessous.

PÉTIOLE COMMUN se prolongeant à sa base, courbé vers son sommet; cylindrique, d'un vert pâle, long de quinze centimètres. *PÉTIOLES PARTIELS* semblables au pétiole commun : ceux des folioles extrêmement courts.

GRAPPES insérées à la base intérieure du pétiole commun; solitaires, réfléchies, composées, lâches, peu garnies de fleurs; de la longueur des feuilles primaires.

PÉDONCULES au nombre de trois ou de cinq, cylindriques, striés, à trois divisions et à trois fleurs; les latéraux opposés, plus courts que l'impair ou que celui du sommet. *PÉDICULES* filiformes, renflés vers leur sommet, à une fleur, munis de bractées, plus longs que les pédoncules.

FLEURS articulées au sommet des pédicules, blanchâtres avec une légère teinte de rose; longues de quinze millimètres.

(1) Nom que les Grecs donnoient à la Fumeterre, et dont Linnæus s'est servi pour désigner une famille qui comprend le genre *FUMARIA*. Le genre *CORYDALIS* est le même que le *CAPNOIDES* de Tournefort et de Gærtner.

Bractées à la base des pédicules et beaucoup plus courtes; droites, linéaires, aiguës, membraneuses, tombant promptement.

Calice formé de deux folioles prolongées à leur base, opposées à chacune des faces de la corolle; droites, en lance, pointues, rayées, membraneuses, de couleur brune, très-courtes, tombant promptement.

Corolle monopétale, hypogyne, tubulée, irrégulière, subsistante. *Tube* comprimé, profondément échancré à sa base, strié. *Limbe* extrêmement court, à quatre divisions droites et très-rapprochées, opposées par paires : l'antérieure et la postérieure un peu adhérentes à leur sommet, arrondies, en forme de cuiller, recouvertes par les deux latérales qui sont ovales, aigues, fortement concaves, et gibbeuses en dehors par la saillie des lobes du stigmate.

Étamines attachées à la base de la corolle. *Filets* réunis dans une grande partie de leur étendue en une gaîne fongueuse qui adhère par chacune de ses faces au tube de la corolle, et qui est partagé vers son sommet en deux découpures linéaires. *Anthères* au nombre de trois sur le sommet de chaque division de la gaîne; recouvrant le stigmate, droites, arrondies, à deux lobes, s'ouvrant latéralement.

Ovaire linéaire, comprimé. *Style* filiforme, court, subsistant. *Stigmate* comprimé, à deux lobes.

Silique recouverte par la corolle qui est devenue fongueuse; linéaire, comprimée, surmontée du style, à une loge, s'ouvrant en deux valves sur les faces antérieure et postérieure.

Semences quatre ou six, attachées à un placenta filiforme situé dans chacune des sutures des valves; globuleuses, d'un noir de jais, luisantes.

Obs. 1.° Linnæus a réuni dans son genre *Fumaria*, trois genres que Tournefort avoit séparés et désignés par les noms de *Fumaria*, *Capnoides* et *Cysticapnos*. Ces trois genres qui diffèrent surtout par la nature et la structure de leur fruit, ont été rétablis par Gærtner, et paroissent devoir être conservés, en donnant aux deux derniers un nom plus conforme aux principes de la science.

2.° Le *Corydalis fungosa* présente une exception remarquable dans les rapports que certains caractères ont entr'eux (1). Tel est celui de calice d'une seule pièce, qui accompagne généralement une corolle monopétale. Ce caractère est tellement constant, que jusqu'à présent on n'avoit observé la conversion de corolle polypétale en corolle monopétale, que dans les plantes qui avoient déjà un calice monophylle, comme les Caryophyllées, les Légumineuses, etc. Dans le *Corydalis fungosa* au contraire, quoique les pétales soient réunis, et quoique la corolle soit staminifère conformément à une première règle qui veut que les corolles monopétales portent les étamines; néanmoins la seconde règle n'est pas observée, puisque le calice reste composé de deux feuilles qui tombent séparément. C'est le seul exemple d'infraction que l'on puisse citer touchant les rapports qu'ont entr'eux le calice et la corolle dans la conversion des corolles polypétales en corolles monopétales; et j'ai cru qu'il étoit important de le présenter avec détail.

3.° Si l'on ne connoissoit du genre *Fumaria* ou *Corydalis* que l'espèce nommé *fungosa*, on seroit tenté de désigner par le nom de bractées les folioles calicinales, et de donner celui de calice à l'enveloppe colorée qui devient marcescente, et qui recouvre le fruit. Mais alors les étamines seroient périgynes; et le *Fumaria* ne pourroit être rapporté à la famille des Papavéracées dont il se rapproche par les principaux caractères. L'analogie, dans cette circonstance, doit guider le Botaniste, et le déterminer à donner une même dénomination à des organes qui existent dans des plantes évidemment congénères, quoique néanmoins ces organes présentent quelques légères différences.

Expl. des fig. 1, Fleur dont le limbe de la corolle est écarté, pour montrer ses quatre divisions. 2, Pistil. 3, Fruit. 4, Le même retiré de la corolle, et ouvert en deux valves dont une, vue en dedans, présente un des placentas filiformes auquel adhèrent les semences.

---

(1) Jussieu, *Genera Plantarum. Introduct.*, pag. lvij.

Dessiné par P. Bessa élève de Redouté. Gravé par Jellier.

HELIANTHEMUM Alyssoides.

HELIANTHEMUM *ALYSSOIDES.*

FAM. des CISTES, *JUSS.* — POLYANDRIE MONOGYNIE, *LINN. Syst. Vegetab.* §. II. *Exstipulati suffruticosi.*

HELIANTHEMUM procumbens; foliis subconnatis, lanceolatis, obtusis, hirsutis; pedunculis calicibusque hirtis.

CISTUS *alyssoides.* Suffruticosus, exstipulatus; foliis oblongo-ovatis, breviter hirsutis, junioribus subincanis, adultis verò viridibus; pedunculis calicibusque hirtis. *LAMARCK, Dict.* n.° 28.

CISTUS *alyssoides. POURRET, Chloris Narbonensis,* n.° 347, pag. 18.

Sous-arbrisseau garni d'un grand nombre de rameaux qui forment une touffe lâche et étalée; croissant naturellement dans les landes du département de la Sarthe; cultivé depuis plusieurs années, chez M. Cels, de graines envoyées par M. Desportes. Il passe l'hiver en pleine terre, et fleurit au commencement de l'été.

RACINE rameuse, fibreuse.

TIGES droites dans leur partie inférieure, et tombantes dans la supérieure; cylindriques, très-rameuses, recouvertes d'un épiderme gercé et d'un brun cendré; longues de cinq décimètres, de la grosseur d'une plume de cygne. *BRANCHES* opposées, ayant la direction, la forme et la couleur des tiges. *RAMEAUX* penchés, très-courts, grêles, feuillés, hérissés vers leur sommet de poils un peu laineux et blanchâtres.

FEUILLES opposées, horizontales, presque sessiles, en lance, obtuses à leur sommet, rétrécies vers leur base, légèrement ondées sur leurs bords; relevées en dessous d'une nervure saillante, creusées en dessus d'un sillon; velues, d'un vert cendré, longues de deux centimètres, larges de cinq millimètres : les plus jeunes drapées, entièrement recouvertes de poils courts et disposés en étoile; d'un blanc cendré.

PÉTIOLES extrêmement courts, dilatés sur leurs bords par le prolongement des feuilles, réunis à leur base, convexes en dehors, sillonnés en dedans, drapés, de la couleur des feuilles.

PÉDONCULES deux ou trois, au sommet des rameaux; droits, cylindriques, divisés, velus, d'un vert blanchâtre, s'alongeant, ainsi que leurs divisions, à mesure que le fruit se forme. *PEDICULES* ayant la direction, la forme et la couleur des pédoncules; à une fleur, munis de bractées.

FLEURS rapprochées par petits bouquets, d'un jaune soufre, de la grandeur de celles du Ciste à feuilles d'Halime; de peu de durée, s'ouvrant à huit heures du matin, et perdant leur corolle sur le midi : celle du centre se développant la première.

BRACTÉES à la base des pédicules; solitaires, droites, linéaires, obtuses, de la couleur des feuilles.

CALICE à trois folioles, velu, subsistant, blanchâtre. *FOLIOLES* très-ouvertes, ovales, aiguës, veinées, membraneuses sur un de leurs bords; de la moitié de la longueur de la fleur.

PÉTALES cinq, insérés sous l'ovaire, très-ouverts, un peu écartés les uns des autres; en forme de coin, tronqués obliquement et crénelés ou ondés à leur sommet; concaves, rayés, tombant promptement.

ÉTAMINES nombreuses, très-ouvertes, ayant la même attache que la corolle et beaucoup plus courtes. *FILETS* filiformes, de la couleur des pétales. *ANTHÈRES* droites, ovales, creusées de quatre sillons, s'ouvrant latéralement, d'un jaune orange.

OVAIRE globuleux, très-velu, blanchâtre. *STYLE* filiforme, droit, plus court que les étamines; subsistant. *STIGMATE* pavoisé, orbiculaire, à trois lobes concaves et frangés.

CAPSULE recouverte par le calice subsistant, et devenu d'une couleur de pourpre assez vif; globuleuse, de la grosseur d'un pois, relevée de trois angles peu saillants, uniloculaire, s'ouvrant en trois valves; de couleur cendrée. *VALVES* tapissées intérieurement d'une membrane, sur le milieu de laquelle est une nervure saillante qui fait les fonctions de placenta.

SEMENCES nombreuses, anguleuses, de couleur brune, insérées chacune par un filet court à la nervure saillante sur la membrane qui tapisse les valves.

OBS. J'ai rapporté l'espèce que je viens de décrire à l'*HELIANTHEMUM* de Tournefort. Ce genre qui a été rétabli par M. de Jussieu, par Gærtner, etc. diffère essentiellement de celui du Ciste auquel Linnæus l'avoit réuni, non-seulement par la structure du fruit, mais encore par celle de la semence. Dans le *CISTUS*, la capsule est ordinairement à cinq loges et à cinq valves, quelquefois à dix loges et à dix valves; les semences sont attachées à l'angle intérieur des loges; et l'embryon est filiforme et roulé en spirale. Dans l'*HELIANTHEMUM* au contraire, la capsule est toujours uniloculaire et trivalve; les semences sont attachées à une nervure saillante sur le milieu de la membrane qui tapisse les valves; et la radicule est légèrement courbée sur les lobes qui sont planes.

Expl. des fig. 1, Fleur dont on n'a conservé qu'un pétale, pour montrer l'attache de la corolle et des étamines. 2, Une étamine grossie. 3, Pistil grossi. 4, Fruit ou capsule recouverte par le calice. 5, Capsule nue. 6, La même ouverte pour montrer la membrane qui tapisse les valves, et qui est relevée d'une nervure longitudinale à laquelle adhèrent les semences. 7, Quelques semences.

Dessiné par P. Bessa élève de Redouté

Gravé par Sellier

CISSUS antarcticus

CISSUS *ANTARCTICUS.*

FAM. des VIGNES, *JUSS.* — TÉTRANDRIE MONOGYNIE, *LINN.*

CISSUS foliis ovatis, laxè serratis, glabriusculis, subtùs glandulosis.

Arbrisseau sarmenteux, originaire de la Nouvelle Hollande, cultivé depuis plusieurs années chez M. Cels. Il passe l'hiver dans l'orangerie, et fleurit pendant l'été.

TIGE grimpante, cylindrique, rameuse, munie de vrilles, recouverte dans sa partie inférieure d'un épiderme noirâtre et gercé; d'un vert pâle, quelquefois rougeâtre dans sa partie supérieure; longue d'un mètre et demi, de la grosseur de l'index. *BRANCHES* articulées, alternes, ayant la direction, la forme et la couleur de la tige; parsemées de tubercules blanchâtres et peu saillants. *RAMEAUX* axillaires, recouverts dans leur partie supérieure de poils blancs et couchés.

VRILLES opposées aux feuilles; horizontales, cylindriques, glabres, divisées et recourbées à leur sommet, le plus souvent nues, rarement munies de quelques fleurs.

FEUILLES alternes, pétiolées, munies de stipules; ovales, aiguës, divisées sur leurs bords en dents courtes et écartées; relevées en dessous d'une côte saillante qui se ramifie, et glanduleuses dans les aisselles des nervures; creusées en dessus d'un pareil nombre de sillons; veinées en réseau, concaves, subsistantes, d'un vert foncé : les inférieures réfléchies, presque glabres, longues de neuf centimètres, larges de six; les supérieures horizontales, parsemées de poils couchés et peu apparents, insensiblement plus courtes.

PÉTIOLES articulés, peu ouverts, convexes en dehors, sillonnés en dedans, recouverts de poils couchés; de la couleur des rameaux, du quart de la longueur des feuilles.

STIPULES distinctes du pétiole, en lance, pointues, membraneuses, pubescentes, roussâtres, tombant promptement.

PÉDONCULES opposés aux feuilles, presque droits, cylindriques, bifurqués à leur sommet, de la couleur des pétioles et plus courts. *DIVISIONS* des *PÉDONCULES* ouvertes, à plusieurs fleurs.

FLEURS très-petites, herbacées, pédiculées, recouvertes en dehors de poils roussâtres, disposées en une ombelle simple au sommet de chaque division du pédoncule : celles du centre se développant les premières.

Pédicules de la forme, de la couleur, et de la longueur des divisions du pédoncule; peu ouverts, munis chacun d'une bractée à leur base.

Bractées ouvertes, ovales, aigues, membraneuses, pubescentes, plus courtes que les pédicules; formant par leur ensemble une espèce d'involucre; tombant promptement.

Calice en forme de godet, divisé à son limbe en quatre dents obtuses; de la moitié de la longueur de la corolle.

Corolle formée de quatre pétales insérés sous un disque hypogyne, alternes avec les dents du calice; peu ouverts, ovales, obtus, concaves et à bords courbés en dedans vers leur sommet.

Étamines quatre, ayant la même attache que la corolle, opposées aux pétales et plus courtes. ***Filets*** légèrement courbés en dedans, planes, blanchâtres. ***Anthères*** vacillantes, arrondies, à deux lobes, s'ouvrant latéralement, de la couleur des filets.

Ovaire libre, globuleux, plongé presque entièrement dans un disque charnu et tétragone. ***Style*** cylindrique, plus court que les filets des étamines. ***Stigmate*** un peu échancré.

Baie sèche, globuleuse, de la grosseur d'un grain de raisin, creusée d'un très-petit ombilic à son sommet, divisée intérieurement en deux loges; contenant quatre semences dont une et quelquefois deux sont sujettes à avorter. ***Cloisons*** minces, membraneuses, s'oblitérant à mesure que le fruit parvient à sa maturité.

Semences insérées au fond de la baie, osseuses; le plus souvent deux dans chaque loge, et alors convexes en dehors, anguleuses intérieurement; quelquefois solitaires, et alors convexes en dehors, planes en dedans.

Obs. La famille des Vignes ne renferme que trois genres qui ont entr'eux la plus grande affinité, savoir, *Cissus*, *Vitis* et *Ampelopsis* (1). J'ai rapporté à celui du *Cissus* la plante que je viens de décrire, et qui est connue dans les jardins sous le nom de *Vitis Kanguruh*, parce qu'elle s'en rapproche par le caractère que fournit le nombre des parties de la fleur. Ce caractère, quoique peu important, est néanmoins le seul qui distingue le *Cissus* du *Vitis* et de l'*Ampelopsis* (2).

Expl. des fig. 1, Fleur vue en dessous pour montrer le calice. 2, La même vue en dessus et grossie, pour montrer l'attache, le nombre et la forme de ses différents organes. 3, Fruit. 4, Le même coupé transversalement et dont on a retiré trois semences. 5, Une semence qui étoit solitaire dans sa loge, vue par devant.

---

(1) Ce genre établi par Michaux dans la Flore de l'Amérique Septentrionale, tient le milieu entre le *Vitis* et le *Cissus*. Il se distingue du *Vitis* par ses pétales libres à leur sommet, ouverts et réfléchis; et il diffère du *Cissus* par le nombre des parties de la fleur.

(2) « *Hæc autem tria genera* (*Vitis*, *Cissus*, *Ampelopsis*) *vix ullis floralibus notis inter se discrepant : nequidem a fructu, seminibus pluribus vel unico fœto, petita valet differentia; namque omnium ovarium biloculare et intrà singulum loculum biovulatum est.* » *Mich. Flor. Boreali-Americ.* vol. 1, pag. 159.

Dessiné par P. Bessa élève de Redouté

Gravé par Sellier

BUMELIA reclinata

BUMELIA *RECLINATA.*

FAM. des SAPOTILLIERS, *JUSS.* — PENTANDRIE MONOGYNIE, *LINN.*

BUMELIA spinosa; foliis oblongo-ovalibus, subretusis, glaberrimis; ramis reclinatis.

SIDEROXYLUM *(reclinatum)* spinosum, dumosum, diffusè reclinatum; ramis sterilibus divaricato-ramillosis: foliis parvulis obovalibus, glaberrimis. *MICH. Flor. Boreali-Americ.* vol. 1, pag. 122.

Arbrisseau touffu, lactescent, muni d'épines, garni d'un grand nombre de rameaux qui sont très-alongés et qui retombent en arc vers la terre; découvert par Michaux dans la Géorgie; cultivé depuis quelques années chez M. Cels. Il passe l'hiver dans l'orangerie, et fleurit au milieu de l'été.

TIGE droite, cylindrique, très-rameuse, munie d'épines, parsemée de tubercules peu apparents qui la rendent rude au toucher; d'un gris cendré, haute de six décimètres, de la grosseur du petit doigt. *BRANCHES* alternes, rapprochées, très-étalées, retombant en arc vers la terre à mesure qu'elles s'alongent; de la forme et de la couleur de la tige. *RAMEAUX* axillaires, très-divergents, d'un vert tendre.

ÉPINES axillaires, horizontales, purpurines, se couvrant de feuilles et même de fleurs à mesure qu'elles s'alongent.

FEUILLES rapprochées par petits bouquets sur le vieux bois, alternes sur les jeunes pousses; horizontales, pétiolées, ordinairement oblongues et ovales, obtuses et un peu émoussées à leur sommet; quelquefois ovales-renversées ou presque en coin; relevées en dessous d'une côte saillante et rameuse, creusées en dessus d'un pareil nombre de sillons; glabres, veineuses, d'un vert gai, longues de trois centimètres, larges de douze millimètres.

PÉTIOLES ouverts, très-courts, convexes d'un côté, sillonnés de l'autre, d'une légère teinte purpurine.

PÉDICULES naissant plusieurs ensemble par petits faisceaux situés sur le vieux bois, et dans les aisselles des feuilles; ouverts, filiformes, renflés à leur sommet, glabres, à une fleur, de la couleur des pétioles et plus longs.

FLEURS très-petites, d'un blanc de lait.

Calice à cinq divisions profondes, droites, ovales, aiguës, concaves, subsistantes, presque de la moitié de la longueur de la fleur.

Corolle monopétale, hypogyne, tubulée. *Tube* très-court, ouvert et fendu à sa base en cinq parties. *Limbe* à cinq divisions droites, ovales, obtuses, finement dentées, concaves, munies chacune intérieurement sur les côtés de leur base d'appendices plus courts, ayant la même forme, la même couleur, et courbés en dedans.

Étamines cinq, attachées vers la base du tube de la corolle, opposées aux divisions de son limbe, plus courtes que ses appendices. *Filets* droits, planes, élargis à leur base, rétrécis à leur sommet, blanchâtres. *Anthères* arrondies, à deux lobes, s'ouvrant latéralement.

Ovaire libre, ovale-arrondi, glabre, verdâtre. *Style* cylindrique, plus court que les étamines, subsistant. *Stigmate* obtus.

Drupe peu charnu, ovale-renversé, entouré à sa base par le calice, surmonté du style; lisse, verdâtre. *Noyau* ovale-arrondi, osseux, mince, luisant, d'un blanc d'ivoire; muni d'une cicatrice un peu au-dessus de sa base, creusé de stries peu apparentes, ne contenant qu'une semence.

Semence de la forme du noyau, recouverte d'une membrane très-mince et de couleur brune. *Périsperme* charnu, épais, blanchâtre. *Embryon* droit, comprimé, plane, de la longueur du périsperme.

Obs. La plante que je viens de décrire, a une grande affinité avec le *Sideroxylum Lycioïdes Linn.*; mais elle s'en distingue aisément par ses rameaux très-alongés qui retombent en arc vers la terre, et par ses feuilles beaucoup plus petites et d'une forme différente. Ces deux espèces, dont le fruit n'est pas une baie à cinq semences comme dans le *Sideroxylum*, mais un drupe monosperme, doivent être rapportées au genre *Bumelia* établi par M. Swartz dans le *Prodromus Floræ Occidentalis*, pag. 49.

Expl. des fig. 1, Fleur grossie. 2, Corolle ouverte et grossie pour montrer le tube fendu à sa base, le nombre et la situation des appendices, et l'attache des étamines. 3, Pistil grossi. 4, Drupe de grandeur naturelle. 5, Le même dont on a enlevé la moitié supérieure de l'écorce. 6, Noyau séparé. 7, Le même coupé transversalement ainsi que la semence, pour montrer la forme de l'embryon et sa situation dans le périsperme.

Dessiné par P. Bessa élève de Redouté.　　Gravé par Sellier

CASSINE xylocarpa

CASSINE *XYLOCARPA.*

FAM. des NERPRUNS, *Juss.* — PENTANDRIE TRIGYNIE, *Linn.*

CASSINE foliis petiolatis, ovatis, acutis, subserratis; pedunculis dichotomis, folio brevioribus; fructu (Elæodendri) osseo.

Arbrisseau toujours vert, croissant naturellement à l'île Saint-Thomas, cultivé depuis quelques années chez M. Cels. Il passe l'hiver dans la serre chaude, et fleurit au milieu de l'été.

TIGE droite, cylindrique, feuillée, rameuse, recouverte d'un épiderme gercé et d'un brun cendré; haute de sept décimètres, de la grosseur du pouce. *BRANCHES* axillaires, opposées et alternes, peu ouvertes, de la forme et de la couleur de la tige. *RAMEAUX* ayant la même situation que les branches, droits, rapprochés, légèrement anguleux, glabres, d'un vert tendre.

FEUILLES pétiolées, munies de stipules; ovales, rarement entières, plus souvent parsemées de dents peu profondes, écartées et glanduleuses; relevées d'une nervure saillante et rameuse, veinées en réseau, glabres, concaves, coriaces, subsistantes, d'un vert très-pâle en dessus, blanchâtres en dessous: les inférieures alternes, très-ouvertes, obtuses, quelquefois longues d'un décimètre et larges de sept centimètres; les supérieures opposées, droites, aiguës, beaucoup plus courtes.

PÉTIOLES très-courts, articulés, droits, convexes d'un côté, planes de l'autre, ridés transversalement, d'un vert pâle.

STIPULES distinctes du pétiole et plus courtes; droites, ovales, aiguës, tombant promptement.

PÉDONCULES axillaires, solitaires, droits, cylindriques, divisés et dichotomes, glabres, d'un vert pâle, plus courts que les feuilles. *DIVISIONS* des *PÉDONCULES* ouvertes, dichotomes dans leur parfait développement, à plusieurs fleurs; munies d'une bractée à leur base; de la couleur et de la forme du pédoncule.

FLEURS droites, pédiculées, d'un blanc jaunâtre, de la grandeur de celles du *CASSINE capensis* : celles qui sont situées dans les points de dichotomie se développant les premières.

PÉDICULES droits, cylindriques, renflés à leur sommet, munis d'une bractée à leur base; de la couleur du pédoncule, très-courts.

BRACTÉES solitaires, droites, ovales, aiguës, d'un vert pâle, de la longueur des pédicules; tombant promptement.

Calice ordinairement à cinq divisions profondes, quelquefois à quatre ou à six, ouvertes, ovales-arrondies, concaves, d'un vert pâle, membraneuses sur leurs bords, deux fois plus courtes que les pétales.

Pétales insérés sur un disque hypogyne, en même nombre que les divisions du calice et alternes avec elles; très-ouverts, oblongs, obtus, concaves, rayés.

Étamines opposées aux divisions du calice, ayant la même attache que les pétales, en nombre égal et plus courtes. *Filets* planes, blanchâtres, d'abord courbés en dedans, ensuite droits et coudés à leur sommet. *Anthères* vacillantes, arrondies, à deux lobes, s'ouvrant latéralement, d'un jaune très-pâle.

Ovaire libre, entouré à sa base d'un disque saillant et anguleux; arrondi, verdâtre. *Styles* trois, extrêmement courts et peu apparents. *Stigmates* dilatés, tronqués.

Drupe globuleux ou ovale-arrondi, de couleur brune, recouvert d'une chair peu épaisse. *Noyau* de la forme du drupe, ligneux et extrêmement dur, ordinairement divisé en trois loges et contenant trois semences.

Semences ovales, comprimées, attachées un peu au-dessus de la base de l'angle interne des loges; recouvertes d'une tunique membraneuse, adhérente au périsperme, et de couleur brune. *Perisperme* de la forme de la semence, charnu, dur, blanchâtre.

Embryon droit, comprimé, de la couleur et de la longueur du périsperme.

Obs. Le *Cassine xylocarpa* présente quelques différences dans diverses considérations de ses organes. Ses feuilles varient quant à leur situation et quant à leur forme. Le nombre de cinq n'est pas constant dans les divisions du calice, dans les pétales et les étamines; et le fruit ovale-arrondi ou globuleux a quelquefois une de ses loges avortée et remplie par la substance du noyau. Cette plante appartient au genre *Cassine* par tous les caractères de la fleur; mais elle semble s'en éloigner par ceux du fruit, et avoir plus d'affinité avec l'*Elæodendrum*. En effet, les *Cassine capensis* et *Maurocenia* qui paroissent devoir constituer seuls le genre *Cassine* (1), ont un noyau extrêmement mince : leurs semences recouvertes de deux tuniques, sont attachées au sommet des loges; et l'embryon plus court que le périsperme, a sa radicule supérieure.

Expl. des fig. 1, Fleur vue en dessous pour montrer la forme du calice. 2, La même grossie et vue en dedans, dont on a retranché le calice et quatre pétales pour montrer l'attache de la corolle et des étamines sur le disque saillant qui entoure la base de l'ovaire. 3, Fruit. 4, Le même coupé transversalement pour montrer les trois loges. 5, Une semence.

---

(1) Le *Cassine Colpoon* semble s'éloigner du genre par son fruit qui, selon Linnæus, *Mantiss.* 210, est une baie à quatre coques. — Le *Cassine barbara*, *Linn. Mantiss.* 220, est une espèce douteuse, selon l'observation de M. Willdenow, *Spec. Plant.* vol. 1, pag. 1493. « *Planta cæterum adhuc obscura.* »

Dessiné par P. Bessa élève de Redouté.

Gravé par Sellier

CONVOLVULUS Scoparius.

CONVOLVULUS *scoparius.*

FAM. des LISERONS, *Juss.* — PENTANDRIE MONOGYNIE, *Linn.*

CONVOLVULUS foliis linearibus, pilosiusculis; pedunculis subtrifloris; calicibus sericeis, ovatis, acutis; caule fruticoso; ramis virgatis. *Aiton, Hort. Kew.* 1, pag. 213. *Willden. Spec. Plant.* vol. 1, pag. 872.

CONVOLVULUS *scoparius. Linn. Supplem.* pag. 135. *Lam. Dict.* vol. 3, pag. 553.

Arbrisseau ayant le port d'un genêt; originaire des Canaries, croissant naturellement aux îles de Ténériffe, de la Gomère et de la Palme, dans les lieux escarpés et dans les ravins, à peu de distance de la mer; cultivé depuis quelques années chez M. Cels, de graines envoyées de Ténériffe par M. Broussonet. Il passe l'hiver dans l'orangerie, et fleurit sur la fin de l'été.

RACINE pivotante, munie de quelques fibres, blanchâtre.

TIGE droite, cylindrique, pliante et courbée à son sommet, très-rameuse, feuillée, recouverte de poils blancs et droits qui la rendent un peu rude au toucher; d'un vert cendré, haute de huit décimètres, de la grosseur d'une plume à écrire. *Branches* axillaires, alternes, articulées, presque droites, de la forme et de la couleur de la tige. *Rameaux* semblables aux branches, beaucoup plus courts.

FEUILLES alternes, distantes, sessiles, linéaires, amincies à leur base, pointues à leur sommet, très-entières, relevées en dessous d'une nervure purpurine, recouvertes de poils couchés; un peu rudes au toucher, de la couleur de la tige et des rameaux : les inférieures horizontales et recourbées, longues de six centimètres, larges de trois millimètres; les supérieures peu ouvertes, presque droites, insensiblement plus courtes.

PÉDONCULES dans les aisselles des feuilles et au sommet des rameaux; solitaires, droits, cylindriques, divisés et ordinairement à trois fleurs; de la couleur des feuilles et beaucoup plus longs.

FLEURS dans la partie supérieure des pédoncules, rapprochées par petits bouquets avant leur développement, ensuite écartées et tournées du même côté; pédiculées, d'un blanc de lait, peu odorantes, trois fois plus petites que celles du Liseron des champs.

PÉDICULES droits, de la forme et de la couleur du pédoncule; soyeux, munis de bractées, inégaux.

Bractées à la base et au sommet des pédicules, droites, linéaires, soyeuses en dehors, glabres en dedans, très-courtes.

Calice à cinq divisions profondes, droites, ovales, aiguës, concaves, soyeuses en dehors, glabres en dedans, subsistantes, deux fois plus courtes que la corolle.

Corolle monopétale, hypogyne, en forme de cloche. *Tube* cylindrique, plus court que le calice. *Limbe* évasé, très-ouvert, plissé, paroissant divisé en cinq lobes obtus et courts; relevé en dessous de cinq nervures planes et soyeuses.

Étamines cinq, une fois plus courtes que la corolle, insérées à la base du tube. *Filets* droits, filiformes, rapprochés en cylindre. *Anthères* vacillantes, linéaires, échancrées à leur base, creusées de quatre sillons, s'ouvrant latéralement, blanchâtres.

Ovaire libre, conique, velu, blanchâtre, entouré à sa base d'un disque saillant et glanduleux. *Style* cylindrique, velu dans sa moitié inférieure, glabre dans la supérieure qui est à deux divisions profondes et écartées. *Stigmates* simples.

Capsule presque entièrement recouverte par le calice; conique, hérissée vers le sommet de poils droits, rapprochés, et formant une espèce d'aigrette; noirâtre, striée, à une loge, s'ouvrant à sa base, ne contenant qu'une semence.

Obs. 1.° M. Broussonet, qui a séjourné quelques années dans les Canaries, et qui se propose de publier la Flore de ces îles si riches en plantes intéressantes dont un grand nombre est inconnu, m'a appris que le *Convolvulus scoparius*, connu dans son pays natal sous le nom de *Lena-Noel* ou *Lena-Loel*, s'élevoit à deux mètres; et que son tronc de trois décimètres et demi de circonférence, fournissoit, ainsi que celui du *Convolvulus floridus*, le véritable Bois de Rhodes ou de Rose, *Lignum Rhodium*.

2.° Je possède quelques exemplaires du *Convolvulus scoparius* récoltés à Ténériffe par Riedlé, dans lesquels les pédoncules, quelquefois au nombre de deux dans l'aisselle de la même feuille, portent chacun communément six fleurs, et forment par leur ensemble une grappe alongée, très-étroite et presque unilatérale. Quoique les fruits de ces exemplaires ne soient pas parvenus à une maturité parfaite, j'ai pu néanmoins observer qu'ils différoient beaucoup de ceux du genre *Convolvulus*, et qu'ils avaient une grande conformité avec ceux de l'espèce que Linnæus a désignée par le nom de *Convolvulus floridus*. Cette dernière espèce et celle que j'ai décrite ne pourroient-elles pas constituer un genre particulier, dont un des caractères distinctifs et essentiels seroit d'avoir une capsule uniloculaire, s'ouvrant à sa base, et ne contenant qu'une semence?

Expl. des fig. 1, Corolle vue en dessous pour montrer les cinq nervures planes et soyeuses. 2, La même ouverte et vue en dedans pour montrer l'attache des étamines. 3, Une étamine grossie. 4, Calice et pistil. 5, Pistil grossi pour montrer le disque glanduleux qui entoure l'ovaire. 6, Capsule recouverte par le calice, grossie. 7, La même, nue, s'ouvrant à sa base.

Peint par P. J. Redouté.　　　　Gravé par Sellier

NOTELÆA longifolia

NOTELÆA (1).

FAM. des JASMINÉES, *JUSS.* — DIANDRIE MONOGYNIE, *LINN.*

CHARACTER GENERICUS. *Calix* 4-dentatus, inæqualis. *Corolla* 4-petala, marcescens : petalis erectis, ovatis, per paria ope staminum ad basim connexis. *Stamina* 2, corollà breviora : filamentis dilatatis, 4-gonis, 2-antheriferis; antheris utrinque medio filamentorum adnatis, 1-locularibus. *Ovarium* liberum, turbinatum, ovulis quibusdam refertum : stylus nullus : stigma 2-fidum. *Drupa*..... *Frutex. Folia opposita, sempervirentia. Flores racemosi, axillares.* (Gemmæ terminales binæ, non secùs ac in aliis ejusdem ordinis hybernantibus plantis, ut prior adnotavit Celeber. Corréa de Serra.)

NOTELÆA *LONGIFOLIA.*

Arbrisseau toujours vert, originaire des Isles de la Mer du Sud, cultivé depuis quelques années chez M. Cels. Il passe l'hiver dans l'orangerie, et fleurit à la fin de l'été.

TIGE droite, cylindrique, très-rameuse, parsemée de tubercules peu saillants; d'un brun cendré, haute d'un mètre, de la grosseur de l'index. *BRANCHES* opposées, ouvertes, feuillées, de la forme et de la couleur de la tige. *RAMEAUX* axillaires, ayant la direction et la forme des branches; recouverts d'un duvet poudreux.

FEUILLES opposées en croix, horizontales et réfléchies, pétiolées, en lance, pointues, à bords légèrement repliés en dessous, très-entières et quelquefois ondées; relevées d'une nervure saillante et rameuse; veinées, coriaces, glabres, d'un vert foncé en dessus et plus pâle en dessous, subsistantes : les inférieures longues de quinze centimètres, larges de trois; les supérieures insensiblement plus courtes.

PÉTIOLES courts, renflés et articulés à leur base, dilatés par le prolongement des bords des feuilles; convexes en dehors, planes en dedans, glabres, d'un vert pâle.

GRAPPES axillaires, solitaires, droites, simples, très-courtes. *AXE* des *GRAPPES* cylindrique, glabre, blanchâtre.

PÉDICULES opposés, de la forme et de la couleur de l'axe, à une fleur, munis d'une bractée à leur base : les inférieurs ouverts, les supérieurs droits.

FLEURS très-petites, d'un blanc jaunâtre, sans odeur.

BRACTÉES à la base des pédicules, très-ouvertes, ovales, aiguës, concaves, membraneuses, de couleur de rouille, tombant promptement.

CALICE extrêmement court, d'un vert pâle, à quatre dents pointues, inégales; les deux latérales plus grandes que l'antérieure et la postérieure.

---

(1) Formé des deux mots grecs *Notos* et *Elaia*, qui signifient *Australis Olea*, Olivier Antarctique.

COROLLE hypogyne, formée de quatre pétales droits, ovales, aigus, concaves, réunis deux à deux à leur base par le moyen des étamines; se flétrissant avant de tomber.

ÉTAMINES deux, situées chacune entre deux pétales qui les recouvrent; de la couleur de la corolle. *FILETS* dilatés, tétragones, obtus, portant chacun deux anthères. *ANTHÈRES* adhérentes à la partie moyenne des faces latérales des filets; à une loge, s'ouvrant longitudinalement.

OVAIRE libre, en forme de poire, glabre, verdâtre, contenant quelques ovules. *STYLE* nul. *STIGMATE* comprimé, à deux divisions, de couleur brune.

DRUPE......

OBS. 1.° Le caractère essentiel du genre que je viens d'établir, consiste dans la corolle formée de quatre pétales courts et ovales; dans les étamines dont les filets tétragones portent chacun deux anthères; et dans le fruit qui, d'après l'inspection de l'ovaire, paroît devoir être un drupe. Ces caractères distinguent le *NOTELÆA* du *CHIONANTHUS*, de l'*OLEA*, du *LINOCIERA* de M. Swartz, et du *FONTANESIA* de M. Labillardière.

2.° J'ai observé dans l'Herbier de M. de Jussieu, un bel exemplaire d'une plante récoltée par M. Leschenaut, sur les bords des rivières qui se jettent dans le golfe d'Entrecasteaux, près la terre de Diemen. Cette plante est évidemment congénère du *NOTELÆA*, et les deux espèces de ce nouveau genre peuvent être caractérisées par les phrases suivantes :

NOTELÆA longifolia. Foliis lanceolatis, acuminatis, subreclinatis; racemis longitudine petiolorum.

NOTELÆA ligustrina. Foliis lanceolatis, acutis, suberectis; racemis longitudine foliorum.

3.° Quoique la corolle soit staminifère dans le *NOTELÆA*; il paroît néanmoins qu'on ne peut pas la considérer comme Monopétale, puisque les Pétales tombent séparément de deux en deux.

4.° La Famille des Jasminées comprend des genres dont les espèces sont tantôt toutes Apétales, comme dans l'*ADELIA* de Brown et de Michaux; tantôt toutes Monopétales, comme dans le *LILAC*, etc.; tantôt Polypétales, comme dans le *FONTANESIA*, dans le *LINOCIERA*; tantôt Apétales ou Polypétales, comme dans le *FRAXINUS*; tantôt Monopétales ou Apétales (1), comme dans l'*OLEA*. Ces différences ou exceptions qui se rencontrent aussi dans plusieurs autres familles, ne semblent-elles pas annoncer aux Naturalistes que le caractère qui résulte de l'absence ou de la présence de la corolle considérée comme Monopétale ou comme Polypétale, peut dans quelques circonstances contrarier des rapports évidemment naturels? Je dois cependant observer que l'ordre des Jasminées est le seul parmi les Monopétales, qui présente ces exceptions réunies.

5.° M. Corréa de Serra a observé que dans les plantes de la famille des Jasminées, où la végétation est suspendue pendant l'hiver, l'extrémité des rameaux périt, et que les deux gemmes ou boutons qui étoient à la base de cette extrémité, terminent alors la pousse de l'année.

Expl. des fig. 1, Fleur vue par devant. 2, La même, vue par derrière. 3, Un pétale séparé, à la base duquel adhère une étamine. 4, Calice et pistil. 5, Une étamine. 6, Pistil. (Figures grossies.)

---

(1) *OLEA apetala.* VAHL, *Symbolæ Botanicæ*, 3, pag. 3.

Dessiné par Bessa élève de Redouté — Gravé par Sellier

CLITORIA heterophylla.

CLITORIA *HETEROPHYLLA.*

FAM. des LÉGUMINEUSES, *JUSS.* — DIADELPHIE DÉCANDRIE, *LINN.*

CLITORIA foliis pinnatis; foliolis diversis, exstipulaceis; pedunculis axillaribus, subunifloris; bracteis lanceolatis.

CLITORIA *(heterophylla)* foliis pinnatis : foliolis quinis, aliis rotundioribus, aliis lanceolatis, aliisque sublinearibus. *LAMARCK, Dictionn.* vol. 2, pag. 51.

Plante ligneuse, remarquable par ses tiges très-grêles, et par la forme différente de ses folioles; croissant naturellement à l'Isle de France, sur les bords des grands chemins, parmi les pierres; cultivée depuis quelques années chez M. Cels, de graines envoyées par Michaux. Elle passe l'hiver dans l'orangerie, conserve ses feuilles, et fleurit sur la fin de l'été.

RACINE fibreuse, poussant beaucoup de drageons.

TIGES nombreuses, très-grêles, dichotomes, feuillées, striées, presque glabres, d'un brun cendré; volubles ou grimpantes à la manière des Haricots, longues de deux mètres. *RAMEAUX* axillaires, alternes, peu ouverts, ayant la direction, la forme et la couleur des tiges.

FEUILLES alternes, horizontales et réfléchies, ailées avec impaire, pétiolées, munies de stipules; d'un vert gai en dessus, d'un vert pâle en dessous, plus courtes que les entrenœuds. *FOLIOLES* sur trois ou quatre rangées; opposées, pétiolées, dépourvues de stipules, sujettes à varier dans leur forme et leur dimension : les unes arrondies et très-courtes, les autres ovales et un peu plus grandes, quelques unes en lance ou linéaires et longues de vingt-cinq millimètres : toutes obtuses, munies à leur sommet d'une pointe peu apparente, très-entières, relevées en dessous d'une nervure rameuse, creusées en dessus d'un pareil nombre de sillons, veinées en réseau.

PÉTIOLES des *FEUILLES* renflés et articulés à leur base, horizontaux et réfléchis, filiformes, presque glabres, de la couleur des rameaux. *PÉTIOLES* des *FOLIOLES* très-courts, articulés, convexes d'un côté, sillonnés de l'autre, blanchâtres; paroissant, lorsqu'on les observe à la loupe, parsemés de poils courts.

STIPULES distinctes des pétioles, droites, linéaires, aiguës, très-courtes.

PÉDONCULES axillaires, solitaires, d'abord horizontaux, se réfléchissant ensuite après la fécondation; ordinairement à une fleur, quelquefois à deux; filiformes, presque glabres, de la couleur et de la longueur des pétioles; articulés et munis vers leur sommet de quelques bractées semblables à des stipules, et dans les aisselles desquelles naît souvent une foliole ou une feuille composée.

FLEURS horizontales, d'un bleu d'azur avec une tache d'un blanc jaunâtre, munies de bractées; longues de vingt-cinq millimètres, larges de quinze.

BRACTÉES à la base des fleurs; au nombre de deux, opposées, en lance, aigues, subsistantes, très-courtes.

CALICE de la moitié de la longueur de la fleur; tubulé, relevé de cinq nervures, glabre, d'un vert pâle, divisé à son limbe en cinq découpures droites, ovales, pointues, inégales : l'inférieure plus étroite et plus longue.

COROLLE attachée à la base du calice, papillonacée, formée de cinq pétales portés chacun sur un onglet. *ÉTENDARD* penché, couvrant les ailes et la carène; arrondi, échancré, à bords courbés en dedans, plane, strié. *AILES* beaucoup plus courtes que l'étendard, ovales, obtuses, tronquées obliquement à leur base. *CARÈNE* plus courte que les ailes, se divisant dans toute son étendue en deux pétales demi-ovales, concaves, gibbeux en dehors à leur base.

ÉTAMINES dix, ayant la même attache que la corolle, diadelphes. *FILETS* réunis au nombre de neuf dans presque toute leur étendue, en une gaîne fendue sous l'étendard; libres vers leur sommet, alternativement plus courts : dixième filet appliqué contre la fissure de la gaîne, libre dans toute son étendue. *ANTHÈRES* vacillantes, arrondies, creusées de quatre sillons; d'un jaune soufré.

OVAIRE linéaire, comprimé, légèrement pubescent. *STYLE* filiforme, courbé vers le sommet, parsemé en dessous de quelques poils blanchâtres. *STIGMATE* membraneux plus large que le calice, cilié à son bord.

LÉGUME réfléchi, oblong, comprimé, aminci à sa base qui est entourée du calice; pointu à son sommet; d'un roux cendré, divisé par un diaphragme en plusieurs loges monospermes; s'ouvrant en deux valves qui se contournent.

SEMENCES adhérentes par un tubercule, à la suture supérieure de chaque valve; tronquées à leur base et à leur sommet, comprimées, ridées, d'un brun foncé.

OBS. Le *CLITORIA heterophylla* se distingue surtout du *CLITORIA ternatea* par ses tiges très-grêles, par ses feuilles dont les folioles varient dans leur forme, et sont dépourvues de stipules, par ses bractées en lance, situées à la base des calices; par ses fleurs plus petites, etc.

Expl. des fig. 1, Pétales. 2, Fleur dont on a retranché la corolle. 3, Gaine des neuf étamines ouverte, et dixième filet libre. 4, Pistil. 5, Le même grossi. 6, Légume. 7, Une valve du légume vue en dedans pour montrer les diaphragmes qui séparent les semences. 8, Une semence.

Dessiné par P. Bessa élève de Redouté — *Gravé par Sellier*

MIMOSA Glandulosa

MIMOSA *GLANDULOSA.*

FAM. des LÉGUMINEUSES, *JUSS.* — POLYGAMIE MONOÉCIE, *LINN. Syst. Vegetab.* §.V. *Foliis duplicato-pinnatis. (Inermes).*

MIMOSA petiolis inter pinnarum paria glandulosis; floribus capitatis, pentandris; leguminibus falcatis.

MIMOSA *(Glandulosa)* inermis : caule herbaceo : foliis multijugo-bipinnatis : pedunculis solitariis, monocephalis : leguminibus congestis; planis, arcuato-falcatis. *MICH. Flor. Boreali-Americ.* vol. 2, pag. 254.

Plante herbacée, vivace, découverte par Bartram's sur les bords du Mississipi, et par Michaux sur les bords du Tennassée, cultivée depuis plusieurs années chez M. Cels. Elle passe l'hiver dans l'orangerie, et fleurit au commencement de l'automne.

RACINE rameuse, fibreuse, jaunâtre, d'une odeur forte.

TIGES moelleuses, droites, cylindriques, cannelées, glabres, rameuses, feuillées, verdâtres avec une légère teinte purpurine; hautes de douze décimètres, de la grosseur d'une plume de cygne. *RAMEAUX* peu nombreux, axillaires, alternes, très ouverts, de la forme et de la couleur des tiges.

FEUILLES alternes, rapprochées, horizontales et réfléchies, deux fois ailées, pétiolées, munies de stipules; glabres, d'un vert tendre, longues d'un décimètre, larges de cinq centimètres. *FOLIOLES PRIMAIRES (Pinnules),* douze à vingt sur chaque rangée, opposées, pétiolées, horizontales et dirigées vers le sommet du pétiole commun; se réfléchissant aux approches de la nuit, ou lorsque l'atmosphère est chargée d'humidité. *FOLIOLES SECONDAIRES* seize à vingt sur chaque rangée, opposées, presque sessiles, munies de stipules peu apparentes; oblongues, pointues, tronquées sur un des côtés de leur base, coupées inégalement par la nervure moyenne; planes, purpurines sur leurs bords et à leur sommet; couchées horizontalement les unes sur les autres, lorsque les folioles primaires se réfléchissent; longues de quatre millimètres, larges d'un seul.

PÉTIOLE COMMUN de la couleur des rameaux, articulé, convexe d'un côté, profondément sillonné de l'autre, renflé et cylindrique à sa base, terminé au sommet par une pointe en alène; muni entre chaque foliole primaire d'une glande saillante, en godet, et d'un pourpre vif. *PÉTIOLES* des *FOLIOLES PRIMAIRES* de la forme et de la couleur du pétiole commun, dépourvus de glandes. *PÉTIOLES* des *FOLIOLES SECONDAIRES* articulés, très courts.

STIPULES des FEUILLES adhérentes à chaque côté du renflement sur lequel est articulé le pétiole commun; droites, filiformes, de couleur purpurine, longues d'un décimètre. *STIPULES* des *FOLIOLES SECONDAIRES* très courtes, peu apparentes, blanchâtres.

PÉDONCULES axillaires, solitaires, presque droits, cylindriques, striés, glabres, à plusieurs fleurs; de la couleur des pétioles et plus courts.

FLEURS très-petites, rapprochées en une tête ovale-arrondie et de la grosseur d'un grain de raisin; sessiles, serrées, hermaphrodites, munies de bractées.

BRACTÉES solitaires à la base de chaque fleur; de la forme et de la couleur des stipules, de la longueur des fleurs, tombant promptement.

CALICE très-petit, tubulé, glabre, d'un vert blanchâtre, divisé à son limbe en cinq dents droites.

PÉTALES cinq, attachés à la base du calice, et alternes avec les dents de son limbe; droits, ovales, aigus, concaves, verdâtres avec une teinte purpurine sur leurs bords et à leur sommet.

ÉTAMINES cinq, insérées sur le calice au-dessous de la corolle, saillantes, d'un pourpre peu foncé. *FILETS* capillaires, tortueux, inégaux. *ANTHÈRES* mobiles, ovales, comprimées, creusées de quatre sillons, s'ouvrant latéralement.

OVAIRE ovale, légèrement comprimé, glabre, verdâtre. *STYLE* latéral, ayant la direction, la forme et la couleur des filets des étamines. *STIGMATE* obtus.

LÉGUMES en nombre égal à celui des fleurs, portés sur le pédoncule qui est devenu horizontal; rapprochés en tête, arqués en faux, comprimés, pointus à leur sommet, gibbeux par la saillie des semences; glabres, d'un brun foncé, à une loge, s'ouvrant en deux valves, longs de deux centimètres, larges de six millimètres.

SEMENCES trois à six, ovales-renversées, comprimées, glabres, de la couleur du légume, adhérentes par un cordon ombilical et filiforme à la suture supérieure des valves.

Expl. des fig. 1, Portion du pétiole commun avec une foliole primaire, pour montrer les glandes situées entre chaque paire de folioles primaires, et la forme des folioles secondaires. 2, Fleur. 3, Un pétale. 4, Une étamine. 5, Pistil. 6, Un légume. 7, Une semence. (Les figures 1, 2, 3, 4 et 5 sont grossies).

Dessiné par Bessa élève de Redouté.

Gravé par Sellier.

MIMOSA horridula.

MIMOSA *HORRIDULA*.

FAM. des LÉGUMINEUSES, *Juss.* — POLYGAMIE MONOÉCIE, *LINN. Syst. Vegetab.* §. V. *Foliis duplicato-pinnatis. (Aculeatæ.)*

MIMOSA petiolis inter pinnarum paria glandulosis; pinnis multijugis; caule tereti, striato; leguminibus aculeatissimis, quadrivalvibus.

MIMOSA *(horridula)* caule herbaceo, diffuso seu procumbente, petiolisque uncinatim aculeolatis: foliis multijugo-bipinnatis: pedunculis geminis, monocephalis: leguminibus densissimè aculeato-echinatis, quadrivalvibus. *MICH. Flor. Boreali-Americ.* vol. 2, pag. 254.

MIMOSA *intsia. WALTHER Flor. Carolin.* pag. 252.

Plante herbacée, vivace, sensible, parsemée d'aiguillons crochus, originaire de l'Amérique septentrionale, croissant naturellement depuis la Virginie jusqu'à la Floride; cultivée depuis plusieurs années chez M. Cels. Elle passe l'hiver dans l'orangerie, et fleurit pendant l'automne.

RACINE grêle, rampante, munie de quelques fibres.

TIGES moelleuses, étalées, cylindriques, striées, simples, glabres, parsemées d'aiguillons courts et un peu en crochet; verdâtres avec une légère teinte purpurine; longues de quatre décimètres, de la grosseur d'une plume de corbeau.

FEUILLES alternes, horizontales, deux fois ailées, pétiolées, munies de stipules; glabres, sensibles ou se contractant aussitôt qu'on les touche; d'un vert tendre, longues de six centimètres, larges de trois. *FOLIOLES PRIMAIRES (Pinnules)* six sur chaque rangée, opposées, distantes, pétiolées, oblongues, munies de stipules. *FOLIOLES SECONDAIRES* dix à douze sur chaque rangée, opposées, presque sessiles, linéaires, obtuses, surmontées d'une glande peu apparente; tronquées sur un des côtés de leur base, coupées inégalement par la nervure moyenne, purpurines sur leurs bords; se recouvrant mutuellement dans la direction des pétioles des feuilles primaires, aux approches de la nuit, ou si on les touche; longues de cinq millimètres, larges d'un seul.

PÉTIOLE COMMUN renflé et articulé à sa base, tétragone, creusé d'un sillon sur chaque face, surmonté d'une pointe en alène, parsemé de petits aiguillons crochus; glabre, muni entre chaque paire de folioles primaires d'une glande saillante et pointue; long de huit centimètres. *Pétioles* des *folioles primaires* de la forme du pétiole commun, dépourvus de glandes, parsemés seulement en dessous d'aiguillons souvent rapprochés deux à deux. *Pétioles* des *folioles secondaires* très courts.

Stipules des feuilles adhérentes à chaque côté du renflement sur lequel est articulé le pétiole commun; ouvertes, capillaires, de couleur purpurine, longues de cinq millimètres. *Stipules* des *folioles primaires* semblables à celles des feuilles, et plus courtes.

Pédoncules axillaires, solitaires, ouverts, tétragones, à plusieurs fleurs, parsemés d'aiguillons crochus; glabres, plus courts que les feuilles.

Fleurs très petites, rapprochées en une tête globuleuse, légèrement penchée, et de la grosseur d'une groseille; sessiles, serrées, hermaphrodites, munies de bractées.

Bractées solitaires à la base de chaque fleur, linéaires, d'un pourpre foncé, très courtes, tombant promptement.

Calice très petit, glabre, d'un vert blanchâtre, divisé à son limbe en cinq dents droites, d'un beau pourpre.

Pétales cinq, insérés à la base du calice et alternes avec les dents de son limbe; droits, en lance, aigus, d'un vert blanchâtre, et d'un pourpre foncé à leur sommet.

Étamines dix, ayant la même attache que la corolle, saillantes et deux fois plus longues que les pétales. *Filets* capillaires, tortueux, inégaux, d'une légère teinte purpurine. *Anthères* mobiles, arrondies, creusées de quatre sillons, s'ouvrant latéralement, d'un beau jaune.

Ovaire ovale, légèrement comprimé, glabre, verdâtre. *Style* latéral, ayant la direction, la forme et la couleur des filets des étamines. *Stigmate* obtus.

Légumes cylindriques, pointus, creusés de quatre sillons; recouverts d'aiguillons nombreux et très serrés; à une loge, s'ouvrant en quatre valves. *Valves* opposées deux à deux, convexes en dehors, concaves en dedans, inégales : l'antérieure et la postérieure plus courtes que les latérales.

Semences nombreuses, disposées sur une seule rangée, presque carrées, comprimées, noirâtres.

Obs. Il est difficile de prononcer si la plante que je viens de décrire, et qui est certainement le *Mimosa horridula* de Michaux, est une espèce distincte, ou une simple variété de la plante découverte à la Véra-Crux par Houston, et nommée par Linnæus *Mimosa quadrivalvis.* A la vérité les caractères que j'ai énoncés dans la phrase spécifique, semblent prouver qu'elle constitue une espèce distincte : mais ces caractères peuvent également exister dans le *Mimosa quadrivalvis* dont les descriptions, sans excepter celle de Houston, sont toutes incomplètes, surtout par rapport aux caractères de la fleur.

Expl. des fig. 1, Légume. 2, Le même ouvert en quatre valves. 3, Une semence.

Dessiné par P. J. Redouté. Gravé par Sellier

AMSONIA angustifolia

AMSONIA *ANGUSTIFOLIA*.

FAM. des APOCINÉES, *JUSS.* — PENTANDRIE MONOGYNIE, *LINN.*

AMSONIA foliis sparsis, lineari-lanceolatis; caulibus pilosis.

AMSONIA angustifolia. *MICHAUX, Flor. Boreali-Americ.* vol. 1, pag. 121.

AMSONIA ciliata. *WALTHER, Flor. Carolin.* pag. 98.

TABERNÆMONTANA angustifolia. *AITON, Hort. Kewens.* vol. 1, pag. 300. *WILLDENOW, Spec. Plantar.* vol. 1, pag. 1247.

Plante herbacée, vivace, lactescente, originaire de l'Amérique Septentrionale, croissant dans les endroits découverts et sablonneux; cultivée depuis plusieurs années chez M. Cels. Elle passe l'hiver en pleine terre, et fleurit à la fin du printemps.

TIGES nombreuses, droites, cylindriques, simples, pliantes, feuillées dans toute leur étendue, parsemées de poils blanchâtres; hautes de cinq décimètres, de la grosseur d'une plume à écrire.

FEUILLES alternes, très rapprochées, presque droites, présentant un de leurs bords dans la direction de la tige, pétiolées et se prolongeant sur le pétiole, linéaires et en lance, amincies à leurs extrémités; aiguës, à bords réfléchis, relevées sur leur surface inférieure d'une côte blanchâtre et rameuse, creusées sur la supérieure d'un pareil nombre de sillons, paraissant veineuses lorsqu'on les observe avec la loupe; d'un vert foncé en dessus, d'un vert pâle en dessous, longues de sept centimètres, larges de cinq millimètres : les inférieures ordinairement parsemées de quelques poils, et même ciliées; les supérieures parfaitement glabres.

PÉTIOLES dilatés par le prolongement des bords des feuilles; articulés, droits, convexes d'un côté, sillonnés de l'autre, glabres, très courts.

GRAPPES au sommet des tiges, peu nombreuses, presque droites, garnies d'un petit nombre de fleurs; formant une panicule étroite et peu étalée. *PÉDONCULES* ouverts, cylindriques, glabres, simples et à une fleur, ou rameux et à plusieurs fleurs; munis de bractées.

FLEURS de la grandeur de celles du jasmin des Açores, d'un bleu pâle, sans odeur : celles qui sont au sommet des grappes et des pédoncules, se développant les premières.

Bractées à la base des pédoncules et de leurs divisions; droites, linéaires, aiguës, glabres, très-courtes.

Calice d'une seule pièce, très court, subsistant, divisé en cinq découpures profondes, droites, en lance, aiguës et glabres.

Corolle monopétale, insérée sous l'ovaire, en forme d'entonnoir. *Tube* insensiblement dilaté, glabre en dehors, parsemé intérieurement à son orifice de poils blanchâtres; long d'un centimètre. *Limbe* à cinq divisions très-ouvertes, obliques, en lance, aiguës, égales, de la longueur du tube.

Étamines cinq, renfermées dans le tube et attachées à sa partie moyenne. *Filets* planes, très courts. *Anthères* droites, conniventes, ovales, obtuses, échancrées à leur base, un peu fendues à leur sommet, creusées de quatre sillons; s'ouvrant latéralement, d'un jaune de soufre.

Ovaires deux, entourés à leur base de cinq glandes peu apparentes; ovales, aigus, glabres. *Style* filiforme, de la longueur du tube. *Stigmate* en tête, porté sur un disque orbiculaire.

Fruit formé de deux follicules réunis à leur base et entourés par le calice; droits, peu écartés, cylindriques, rétrécis en pointe à leur sommet, glabres, de couleur brune, longs d'un décimètre.

Semences nombreuses, cylindriques, nues, tronquées obliquement à leur sommet.

Obs. 1°. Le fruit de l'*Amsonia angustifolia* n'étant pas parvenu à une maturité complète, il ne m'a pas été possible d'observer et de décrire plus en détail sa structure intérieure, qui doit être conforme à celle des autres fruits désignés par le nom de *Follicules.*

2°. Le genre *Amsonia* établi par Walther dans sa Flore de la Caroline, a été réuni par Linnæus à celui du *Tabernæmontana.* Mais, comme l'ordre des Apocinées est un de ceux où le fruit fournit des caractères plus importants que la fleur pour l'établissement des genres, il semble que l'on doit distinguer et séparer les *Tabernæmontana* et *Amsonia* qui diffèrent essentiellement par leur fruit. En effet, les follicules sont courts, ventrus et réfléchis horizontalement dans le premier; tandis qu'ils sont droits, cylindriques, très alongés, et peu écartés dans le second.

Expl. des fig. 1, Corolle ouverte pour montrer l'attache des étamines, et les poils qui ferment l'orifice du tube. 2, Une étamine grossie. 3, Calice grossi. 4, Pistil grossi pour montrer les deux ovaires, le style et le stigmate porté sur un disque orbiculaire. 5, Fruit formé de deux follicules.

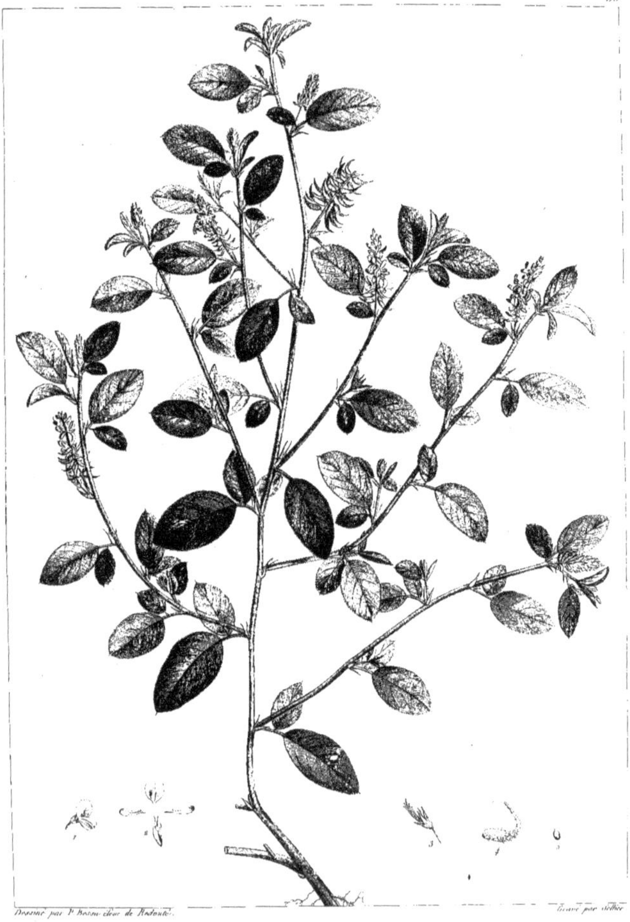

Dessiné par P. Bessa élève de Redouté. *Gravé par Sellier*

INDIGOFERA Diphylla

INDIGOFERA *diphylla*.

Fam. des Légumineuses, *Juss.* — Diadelphie Décandrie, *Linn.*

INDIGOFERA petiolis diphyllis; foliolis ovalibus, inæqualibus, subasperis; leguminibus arcuatis, compressis.

Plante herbacée, annuelle, originaire d'Afrique; fleurissant au printemps.

Racine pivotante, très alongée, munie de quelques fibres; d'un brun cendré, de la grosseur d'une plume de corbeau.

Tiges tombantes, cylindriques, rameuses, feuillées, pubescentes, d'un blanc cendré, longues de deux décimètres, de la grosseur de la racine. *Rameaux* axillaires, alternes, rapprochés, ouverts, de la forme et de la couleur des tiges.

Feuilles alternes, horizontales, munies de stipules; au nombre de deux sur chaque pétiole, dont une au sommet, et l'autre latérale. *Folioles* pétiolées, ovales, surmontées d'une petite pointe, relevées en dessous d'une côte rameuse, creusées en dessus d'un pareil nombre de sillons, parsemées sur chaque surface de poils nombreux et couchés; un peu rudes au toucher, planes, d'un vert cendré, inégales : celle qui termine le pétiole, longue de trois centimètres, large de seize millimètres; celle qui est située sur le côté du pétiole, trois fois plus petite.

Pétiole commun très ouvert, convexe d'un côté, sillonné de l'autre, pubescent, de la couleur des feuilles, du tiers de la longueur de la foliole du sommet. *Pétiole* de la *Foliole latérale* semblable au pétiole commun, et beaucoup plus court.

Stipules distinctes du pétiole commun, et de la moitié de sa longueur; droites, en lance, très-pointues, pubescentes, roussâtres, subsistantes.

Grappes axillaires, simples, droites, munies de bractées; de la longueur des feuilles. *Axe* des *Grappes* cylindrique, pubescent, garni de fleurs dans toute son étendue; de la couleur des rameaux.

Fleurs très-petites, horizontales, serrées, pédiculées, de couleur de rose; les inférieures se développant les premières.

Pédicules filiformes, pubescents, blanchâtres, du tiers de la longueur des fleurs; d'abord horizontaux, se réfléchissant ensuite à mesure que le fruit se forme.

Bractées à la base des pédicules, et plus longues; solitaires, très ouvertes, linéaires, pointues, pubescentes; tombant à mesure que les fleurs se développent.

Calice en cloche, subsistant, de la moitié de la longueur de la fleur, parsemé de poils blanchâtres, divisé à son limbe en cinq découpures peu ouvertes, linéaires, pointues, presque égales.

Corolle attachée à la base du calice, papillonacée, formée de quatre pétales munis chacun d'un onglet. *Étendard* presque droit, ovale-arrondi, échancré à son sommet, concave ou à bords réfléchis. *Ailes* de la longueur de l'étendard, horizontales, appliquées sur chaque côté de la carène, oblongues, obtuses, munies d'une oreillette à leur base intérieure. *Carène* abaissée, de la longueur des ailes, à bords relevés, ou en forme de nacelle; portée sur un onglet fendu dans sa longueur, munie au-dessus de l'onglet, sur chacun de ses côtés, d'un éperon court, obtus et concave intérieurement.

Étamines dix, insérées sur le calice au-dessous de la corolle, diadelphes. *Filets* réunis au nombre de neuf dans la moitié de leur étendue en une gaîne comprimée, blanchâtre et fendue sous l'étendard; libres, courbés, alternativement longs et courts dans leur partie supérieure : dixième filet libre, appliqué contre la fissure de la gaîne. *Anthères* vacillantes, arrondies, d'un jaune de soufre, surmontées d'une petite glande.

Ovaire linéaire, comprimé, velu, blanchâtre, renfermé dans la gaîne des étamines. *Style* capillaire, courbé, parsemé de poils peu apparents. *Stigmate* obtus.

Légume de la forme et de la couleur de l'ovaire; entouré du calice, surmonté du style, à une loge, s'ouvrant en deux valves; arqué ou réfléchi dans sa moitié inférieure, redressé dans la supérieure.

Semences deux ou trois, ovales, comprimées, de couleur brune, attachées par un cordon ombilical très court à la suture supérieure du légume.

Obs. 1.° L'*Indigofera diphylla* paroît avoir de l'affinité avec l'*Indigofera arcuata* de M. Willdenow; mais elle s'en distingue aisément par ses rameaux qui ne sont point anguleux, par ses feuilles qui ne sont point ternées, et par ses légumes qui ne sont point tétragones.

2.° La situation des folioles dans l'*Indigofera diphylla*, semble indiquer l'avortement d'une seconde foliole latérale : mais cet avortement peut être regardé comme constant, puisque dans tous les individus que j'ai observés, il ne s'est pas trouvé un seul pétiole à trois folioles.

Expl. des fig. 1, Fleur pédiculée. 2, Pétales. 3, Calice et organes sexuels. 4, Légume. 5, Une semence. (Figures grossies.)

Dessiné par Poiteau. Gravé par Dien

TURPINIA paniculata

TURPINIA. (1)

FAM. des NERPRUNS, *JUSS.* — POLYGAMIE DIOÉCIE, *LINN.*

CHARACTER GENERICUS. Flores Polygami Dioici. HERMAPHROD. *Calix* 5-partitus, margine coloratus, inæqualis, persistens. *Petala* 5, disco inserta, laciniis calicinis alterna. *Discus* calicem inter et ovarium medius, utriusque basi adhærens, urceolatus, 10-crenatus. *Stamina* 5, disco inserta, petalis alterna. *Ovarium* trigonum : styli 3 in unum conferruminati : stigmata 3, concava. *Bacca* 3-gona, 3-locularis ; loculis 2-3-spermis. *Semina* ossea, ad hilum obliquè truncata. *Corculum* planum et rectum, perispermo carnoso cinctum. *MASC. Calix*, *Corolla* et *Stamina* ut in hermaphroditis floribus. *Ovarii* rudimentum. — *Arbores. Folia impari-pinnata, opposita, stipulacea. Paniculæ terminales. Flores albidi, in distinctis individuis hermaphroditi, et abortu tantummodò masculi.*

TURPINIA *PANICULATA.*

Arbre de moyenne grandeur dont le bois élastique pourroit être employé utilement dans le charronnage. Il a été découvert par MM. Poiteau et Turpin à Saint-Domingue, dans les montagnes secondaires. Il fleurit deux fois l'année, au printemps et dans l'automne : ses fleurs forment de vastes panicules.

TRONC droit, très rameux, formant une tête assez étalée ; recouvert d'une écorce crevassée, et de couleur cendrée. *BRANCHES* opposées, ouvertes, cylindriques, de la couleur du tronc. *RAMEAUX* très nombreux, ayant la direction et la forme des branches; glabres, de couleur brune, parsemés de gerçures blanchâtres formées par l'épiderme qui s'entr'ouvre.

FEUILLES opposées, pétiolées, ailées avec impaire, munies de stipules ; glabres, d'un vert gai en dessus, d'un vert pâle en dessous, longues d'un double décimètre. *FOLIOLES* trois ou quatre sur chaque côté du pétiole commun; opposées, pétiolées, et se prolongeant sur leur pétiole; munies de stipules; ovales, quelquefois elliptiques; pointues, garnies sur leurs bords de dents courtes, glanduleuses et piquantes; relevées d'une côte saillante, veinées, membraneuses : celles qui sont ovales, longues de cinq centimètres, et larges de trois; celles qui sont elliptiques, longues de sept centimètres, et larges de deux et demi.

PÉTIOLES COMMUNS peu ouverts, cylindriques, glabres, d'un brun foncé, renflés à leur base et dans les points où naissent les folioles. *PÉTIOLES PARTIELS* de la forme des pétioles communs; extrêmement courts, à peine longs de six millimètres.

---

(1) Ce genre porte le nom de M. Turpin, botaniste aussi instruit, qu'habile dessinateur; connu avantageusement dans la science par plusieurs mémoires insérés dans les Annales du Muséum d'Histoire Naturelle, et par la belle édition qu'il donne, conjointement avec M. Poiteau, des Arbres Fruitiers de Duhamel.

Stipules droites, en lance ou linéaires, pointues, entières, glabres, très courtes, se flétrissant avant de tomber : celles des feuilles, situées à la base intérieure du pétiole commun : celles des folioles situées entre chaque conjugaison.

Panicules au sommet des jeunes rameaux; droites, grandes, lâches, munies d'une bractée dans leurs divisions et sous-divisions. *Axe* de la *Panicule* courbé vers son sommet; cylindrique, strié, très rameux, glabre, de la couleur des pétioles, et beaucoup plus long. *Rameaux* opposés en croix, très ouverts, écartés, simples et nus dans leur moitié inférieure, divisés et garnis de fleurs dans la supérieure.

Fleurs quatre à six, pédiculées, d'un blanc de lait, de la grandeur de celles de l'Olivier commun; hermaphrodites sur certains individus, simplement mâles sur d'autres.

Pédoncules communs horizontaux, cylindriques, striés, glabres, d'un brun clair : les inférieurs longs de deux centimètres, les supérieurs insensiblement plus courts. *Pédicules* au sommet des pédoncules communs, de la même forme et de la même couleur; ayant toutes sortes de direction; à une seule fleur.

Bractées à la base extérieure de toutes les divisions de l'axe de la panicule; solitaires, droites, linéaires, concaves, glabres, membraneuses, très courtes.

Calice à cinq divisions profondes, peu ouvertes, ovales, obtuses, concaves, colorées sur leurs bords, inégales, subsistantes.

Pétales cinq, attachés à un disque, alternes avec les divisions du calice, et deux fois plus grands; droits, peu ouverts, sessiles, ovales, très obtus.

Étamines cinq, ayant la même attache que la corolle, alternes avec les pétales, et de la même longueur. *Filets* droits, comprimés, élargis à leur base, rétrécis vers leur sommet, de la couleur de la corolle. *Anthères* mobiles, en cœur, à deux loges, d'un jaune citron.

Disque situé entre le calice et l'ovaire, adhérent également à la base de ces deux organes; en godet, à dix crénelures, d'un blanc jaunâtre.

Ovaire libre, trigone. *Styles* trois, réunis en un seul qui est droit, cylindrique et plus court que les filets des étamines. *Stigmates* trois, tronqués, concaves.

Baie arrondie, trigone, de la grosseur d'une petite prune; glabre, d'un bleu foncé, divisé en trois loges qui contiennent chacune deux ou trois graines.

Graines attachées à l'axe central de la baie, presque globuleuses, osseuses, très glabres, luisantes, d'un gris de perle, tronquées à leur base, et creusées d'un large ombilic.

Embryon droit, plane, entouré d'un périsperme charnu. *Lobes* ovales, convexes en dehors, planes en dedans, épais. *Radicule* inférieure, conique, très courte.

Obs. 1.° Le genre que je viens d'établir, appartient évidemment à la famille des Nerpruns. Il se rapproche du *Staphylea* par le plus grand nombre des caractères de la fleur, mais il en diffère essentiellement par son fruit qui n'est point formé de deux ou trois capsules vésiculeuses adhérentes dans leur moitié inférieure.

2.° J'ai pensé long-temps que la plante qui m'a servi à établir le genre *Turpinia*, étoit la même que le *Staphylea occidentalis* de M. Swartz; mais en lisant avec attention la description que le célèbre Botaniste Suédois a donnée de l'espèce qu'il avoit trouvée à la Jamaïque, j'ai été convaincu que cette plante étoit tout-à-fait distincte du *Turpinia paniculata*. En effet la plante découverte par M. Swartz n'est point polygame dioïque, ses feuilles sont alternes et deux fois ailées; le nectaire n'est point crénelé à son limbe; le fruit est une capsule, et les graines sont oblongues et solitaires dans chaque loge.

Expl. des fig. Fleur Hermaphrodite. 1, Fleur. 2, Un pétale. 3, Fleur vue en dessous. 4, Fleur dont le calice et la corolle ont été retranchés, pour montrer l'attache des étamines. 5, Disque et Pistil. 6, Baie coupée transversalement. 7, La même coupée longitudinalement, pour montrer l'attache des graines. 8 et 9, Deux graines. 10 et 11, Coupes transversale et longitudinale d'une graine, pour montrer l'embryon droit et entouré d'un périsperme charnu.

32

Dessiné par Turpin

Gravé par Sellier

MAIETA annulata

MAIETA (1) *ANNULATA*.

FAM. des MÉLASTOMÉES, *JUSS*. — OCTANDRIE MONOGYNIE, *LINN*.

MAIETA foliis cordato-ovatis, acuminatis, quinquenerviis, integerrimis; petiolis brevissimis, basi annulato-connatis; corymbis axillaribus pedunculatis.

Arbrisseau d'un bel aspect, découvert à Java par M. Lahaie. Il croît dans les lieux humides, et fleurit dans le cours de l'été.

TIGE droite, cylindrique, très rameuse, haute d'un mètre et demi, de la grosseur de l'index. *BRANCHES* opposées, peu ouvertes, courbées dans leur partie supérieure; de la forme de la tige, striées, noueuses et recouvertes dans les nœuds d'un duvet pulvérulent; d'un brun foncé. *RAMEAUX* insérés dans les nœuds; axillaires, ayant la direction, la forme et la couleur des branches.

FEUILLES opposées, horizontales, pétiolées, en cœur et ovales, pointues, très entières; relevées de cinq nervures qui partent du sommet du pétiole, et entre lesquelles se trouve un grand nombre d'autres nervures plus fines et transversales; veineuses, glabres et d'un vert foncé sur la surface supérieure; d'un vert jaunâtre sur l'inférieure, parsemées sur les nervures, ainsi que sur les veines, d'un duvet pulvérulent, longues de douze centimètres, larges de cinq.

PÉTIOLES extrêmement courts, naissant dans les nœuds des tiges et des rameaux; réunis en anneau à leur base; cylindriques, couverts d'un duvet pulvérulent; d'un brun foncé.

PÉDONCULES dans les aisselles des feuilles, solitaires, très ouverts, cylindriques, striés, renflés et dichotomes à leur sommet; de la couleur des pétioles, de la moitié de la longueur des feuilles.

FLEURS aussi grandes que celles du *MELASTOMA grandiflora*, et de la même couleur; formant par leur ensemble un corymbe lâche; pédiculées, munies chacune de deux bractées : celles du point de bifurcation s'épanouissant les premières.

PÉDICULES très ouverts, de la forme et de la couleur des pédoncules, du tiers de la longueur des fleurs : celui du point de bifurcation toujours simple, les deux latéraux ordinairement divisés et dichotomes.

BRACTÉES opposées, linéaires, pointues, de la couleur et de la longueur des pédicules.

---

(1) Voyez le mémoire inséré parmi ceux de la Classe des Sciences Physiques et Mathématiques de l'Institut, année 1807, sur les Genres *MELASTOMA* et *RHEXIA*.

Calice d'une seule pièce, tubuleux, divisé à son limbe; subsistant, de la moitié de la longueur de la fleur. *Tube* insensiblement dilaté, couvert, ainsi que les pédicules et les bractées, d'un duvet pulvérulent; hérissé de poils jaunâtres. *Limbe* à quatre divisions ouvertes, en lance, ciliées.

Pétales quatre, attachés à la base du limbe du calice, et alternes avec ses divisions; très ouverts, ovales renversés, rétrécis à leur base en un onglet court.

Étamines huit, insérées deux à deux à la base de chaque division du limbe du calice; plus longues que les pétales. *Filets* coudés vers leur partie supérieure, munis à leur sommet de deux soies réfléchies. *Anthères* couchées dans l'intérieur de la fleur, lorsque les pétales ne sont pas ouverts; droites et saillantes, lorsque la fleur est épanouie; en forme d'alène, à une seule loge, trouées obliquement à leur sommet; d'un jaune de soufre.

Ovaire plus court que le tube du calice, et adhérent à la partie inférieure de cet organe; divisé en quatre loges qui contiennent chacune plusieurs ovules nichés dans une pulpe; surmonté d'un disque globuleux et velu. *Style* flexueux, cylindrique, glabre, de la longueur des étamines. *Stigmate* obtus.

Fruit.

Expl. des fig. 1, Fleur. 2, La même coupée longitudinalement pour montrer l'attache des pétales, des étamines, et l'adhérence de l'ovaire qui est surmonté d'un disque. 3, Une étamine vue avant l'épanouissement de la fleur. 4, la même vue après l'épanouissement de la fleur. 5, Ovaire coupé transversalement pour montrer le nombre de ses loges.

Dessiné par Poiteau

Gravé par Plée

MAIETA scalpta

MAIETA *SCALPTA*.

FAM. des MÉLASTOMÉES, *JUSS.* — DÉCANDRIE MONOGYNIE, *LINN.*

MAIETA foliis ovato-lanceolatis, integerrimis, trinerviis, bullato-tuberculosis; pedunculis axillaribus, brevissimis, paucifloris.

Arbrisseau très rameux, formant une cime arrondie, découvert à Saint-Domingue par M. Poiteau. Il croît sur les mornes de la paroisse de Sainte-Suzanne, dans les terrains secs et arides; et il fleurit au commencement de l'été.

TIGE droite, cylindrique, très rameuse, haute d'un mètre et demi, de la grosseur de l'index. *BRANCHES* opposées, droites, sillonnées, presque tétragones, noueuses, recouvertes d'un duvet épais et de couleur de rouille. *RAMEAUX* axillaires, ayant la direction et la couleur des branches.

FEUILLES opposées, horizontales, pétiolées, ovales et en lance, aiguës, très entières, bordées de quelques cils peu apparents; relevées de trois nervures qui partent du sommet du pétiole, et entre lesquelles se trouvent plusieurs autres nervures plus fines et transversales; taillées en facettes sur le disque de la surface supérieure, ou divisés en petits mamelons saillants, d'abord polyèdres, s'affaissant ensuite, et prenant une forme presque carrée; creusées sur le disque de la surface inférieure d'enfoncements qui correspondent aux mamelons, et qui sont disposés symétriquement sur plusieurs rangées séparées les unes des autres par les nervures et les veines; d'un vert foncé en dessus, et parsemées de soies roides et peu apparentes; d'un vert jaunâtre en dessous, et hérissées sur les nervures et les veines d'un duvet épais et de couleur de rouille; longues de six centimètres, larges de deux et demi.

PÉTIOLES naissant dans les nœuds des branches et des rameaux; très ouverts, cylindriques, couverts d'un duvet épais et de couleur de rouille; à peine longs d'un centimètre.

PÉDONCULE deux ou quatre, axillaires, peu ouverts, filiformes, entourés à leur base de bractées ou des écailles de boutons; de la couleur des pétioles, et beaucoup plus courts; quelquefois à une fleur, plus souvent à deux ou quatre fleurs.

FLEURS très petites, droites, sessiles, d'abord blanches, ensuite de couleur de rose.

BRACTÉES très rapprochées, entourant les pédoncules, et plus courtes; ovales, concaves, membraneuses, pubescentes et de couleur de rouille en dehors, glabres et de couleur cendrée en dedans.

CALICE d'une seule pièce, en godet, divisé à son limbe; granuleux ou couvert d'écailles peu apparentes; de couleur cendrée, subsistant. *LIMBE* à quatre dents droites, très courtes.

PÉTALES quatre, attachés à la base du limbe du calice, et alternes avec ses divisions; d'abord droits, ensuite réfléchis; en lance, surmontés d'une longue pointe, parfaitement glabres.

ÉTAMINES huit, ayant la même attache que la corolle, droites et presque conniventes, plus longues que les pétales. *FILETS* opposés alternativement aux dents du calice et aux pétales; filiformes, coudés et nus vers leur partie supérieure; blanchâtres. *ANTHÈRES* mobiles, ovales, à deux loges, s'ouvrant au sommet par deux pores; d'un jaune de soufre.

OVAIRE globuleux, adhérent au calice dans sa partie inférieure, et libre vers le sommet. *STYLE* droit, cylindrique, plus long que les étamines. *STIGMATE* obtus.

BAIE de la grosseur d'un grain de poivre, globuleuse, couronnée des dents du calice; légèrement pubescente, d'un beau bleu, divisée en quatre loges, remplie de pulpe; polysperme.

GRAINES menues, nombreuses, nichées dans la pulpe du fruit, presque coniques, ayant toutes leur extrémité pointue dirigée vers l'axe du fruit; glabres d'un jaune clair.

OBS. 1.° L'espèce que je viens de décrire paroit avoir beaucoup de rapports avec celle qui est nommée, dans le Dictionnaire de l'Encyclopédie Méthodique, *MELASTOMA lima* : mais lorsqu'on observe que dans cette dernière espèce les feuilles sont coriaces, dentées en scie, et relevées de cinq nervures longitudinales, et que les fleurs sont disposées en panicules axillaires; on peut affirmer que ces deux espèces sont réellement distinctes. Le *MAIETA scalpta* a aussi une grande affinité avec le *MELASTOMA favosa*, *LAM.*, dont il diffère sur-tout par ses fleurs qui ne sont point disposées en corymbes terminaux et portés sur un pédoncule commun plus long que les feuilles.

2.° La petitesse des fleurs du *MAIETA scalpta*, m'a déterminé à comparer cette plante avec le *MELAST. parviflora* d'Aublet, et avec le *MELAST. micrantha* de M. Swartz. Ces deux dernières espèces sont très distinctes de celle que j'ai décrite, et elles en diffèrent toutes les deux, non seulement par leurs feuilles très grandes, dentées, glabres et unies sur leurs surfaces; mais encore par les fleurs qui forment une panicule terminale dans le *MELAST. parviflora*, et par les fruits qui sont ortogones et d'un blanc de neige dans le *MELAST. micrantha*.

3.° J'ai trouvé dans une collection de plantes qui m'a été envoyée de Santa-Fe de Bogota, une nouvelle espèce du genre MAIETA. Cette espèce est sur-tout remarquable par son feuillage qui, vu en dessous, est de la même couleur que celui du *CHRYSOPHYLLUM argenteum*. Je la désigne à cause de ce rapport, par le nom de *MAIETA argentea*. Les principaux caractères qui peuvent servir à la faire reconnoitre, sont : *Frutex.* — *Rami teretes, squamis furfuraceis et fuscis obtecti.* — *Folia oblonga, basi attenuata, apice obtusa, integerrima, trinervia, coriacea, supernè lucida, subtùs squamis furfuraceis et candidis obsita, 6 centim. longa, 22 millim. lata.* — *Paniculæ terminales, coarctatæ. Flores parvi.* — *Calix cyathiformis, 5-dentatus, extus furfuraceus.* — *Petala 5, flava. Stamina 10.* — *Bacca, 5-locularis, magnitudine seminis coriandri.*

Expl. des fig. 1, Une fleur grossie. 2, La même coupée longitudinalement pour montrer l'attache des pétales, et l'adhérence de l'ovaire avec le calice. 3, Fruit de grandeur naturelle. 4, Le même grossi. 5, Le même coupé transversalement pour montrer le nombre des loges. 6, Quelques graines de grandeur naturelle. 7, Une graine grossie.

Dessiné par Turpin — *Gravé par Plée*

MERIANA ciliaris

MERIANA (1) *CILIARIS.*

FAM. des MÉLASTOMÉES, *JUSS.* — DÉCANDRIE MONOGYNIE, *LINN.*

MERIANA villosa; foliis ovato-lanceolatis, serrulatis, ciliatis, quinquenerviis; paniculâ terminali, dichotomâ.

Plante herbacée, vivace, hérissée dans toutes ses parties de poils roussâtres; croissant naturellement dans la Nouvelle Grenade; fleurissant à la fin du printemps.

TIGES montantes, étalées, cylindriques, striées, rameuses, hérissées de poils roussâtres insérés sur le sommet de tubercules peu apparents; hautes d'un mètre, de la grosseur d'une plume de cygne. *RAMEAUX* axillaires, opposés, très ouverts, de la forme et de la couleur des tiges.

FEUILLES opposées, horizontales, pétiolées, ovales et en lance, pointues, finement dentées en scie, relevées de cinq nervures qui partent du sommet du pétiole, et entre lesquelles se trouvent des veines transversales et montantes; hérissées sur chaque surface de poils couchés; d'un vert foncé en dessus, d'un vert jaunâtre en dessous; longues de sept centimètres, larges de trois.

PÉTIOLES horizontaux, convexes d'un côté, sillonnés de l'autre, très velus, de la couleur des rameaux; longs d'un centimètre.

PANICULES au sommet des rameaux; droites, lâches, peu étalées, dichotomes, munies de bractées dans leurs divisions et sousdivisions. *RAMEAUX* de la panicule ouverts, dichotomes, cylindriques, striés, hérissés de poils glanduleux à leur base, et surmontés d'un tubercule peu apparent.

FLEURS droites, pédiculées, d'un pourpre foncé, presqu'aussi grandes que celles du Prunier : celles des points de bifurcation s'épanouissant les premières.

PÉDICULES très courts, de la forme et de la couleur des rameaux de la panicule : ceux des points de bifurcation toujours simples; les deux latéraux ordinairement divisés et dichotomes.

BRACTÉES opposées, horizontales, en lance, pointues, hérissées, ciliées, de la longueur des rameaux et des pédicules qu'elles accompagnent.

CALICE d'une seule pièce, tubuleux, divisé à son limbe; hérissé en dehors, glabre en dedans, subsistant; de la moitié de la longueur de la fleur. *TUBE* insensiblement dilaté, strié. *LIMBE* à cinq divisions ouvertes, en lance, ciliées.

---

(1) Voyez le mémoire inséré parmi ceux de la Classe des Sciences Physiques et Mathémathiques de l'Institut, année 1807, sur les Genres *MELASTOMA* et *RHEXIA*.

Pétales cinq, attachés à la base du limbe du calice et alternes avec ses divisions ; très ouverts, ovales-renversés, rétrécis à leur base en un onglet court ; élégamment ciliés.

Étamines dix, ayant la même attache que la corolle ; de la longueur des pétales. *Filets* opposés alternativement aux dents du calice et aux pétales ; filiformes, coudés et glanduleux au-dessous de leur sommet ; de couleur purpurine. *Anthères* adhérentes aux filets dans leur moitié inférieure ; cylindriques à une seule loge, trouées obliquement à leur sommet ; d'un jaune de soufre.

Ovaire paroissant adhérent par sa base avec le calice, et libre dans le reste de son étendue ; ovale, obtus, pubescent à son sommet. *Style* montant, légèrement flexueux, cylindrique, glabre, de la longueur des étamines et de la couleur des filets. *Stigmate* en tête, blanchâtre.

Capsule entièrement libre et simplement recouverte par le calice ; ovale, obtuse, membraneuse, striée, munie de quelques poils à son sommet ; divisée en cinq loges, s'ouvrant en cinq valves. *Cloisons* adhérentes au milieu des valves. *Axe central* relevé vers son sommet de cinq angles épais auxquels adhèrent des placentas fongueux et arqués.

Graines très nombreuses, petites, presque réniformes, glabres, d'un brun clair. *Micropile* situé au-dessus de l'ombilic.

Embryon droit, de la forme de la graine, dépourvu de périsperme. *Lobes* épais, convexes, courts. *Radicule* inférieure, cylindrique.

Obs. La plante que je viens de décrire se rapproche des *Melastoma agrestis* et *purpurassens*, Aubl., par son port, par la forme de ses feuilles, et par son inflorescence ; mais elle en diffère par ses fleurs beaucoup plus grandes et d'un pourpre foncé, par la forme de son calice, et sur-tout par son fruit qui n'est pas une baie adhérente au calice. Cette espèce faisoit partie d'une collection précieuse de plantes, qui m'a été envoyée de Santa-Fé de Bogota par M. Umana, Savant Naturaliste Espagnol, attaché à l'expédition dont le célèbre Mutis est le directeur. J'ai trouvé dans cette collection six espèces qui appartiennent à la famille des Mélastomées. Quatre de ces espèces ont été publées depuis peu par M. Bonpland, sous les noms de *Rhexia muricata*, *microphylla*, *myrtoidea et stricta* (1) : les deux autres sont celle que je viens de décrire, et celle que j'ai nommée *Maieta argentea* dans les observations placées à la suite de la description du *Maieta scalpta*.

Expl. des fig. 1, Calice et pistil. 2, Fleur ouverte pour montrer l'attache de la corolle et des étamines. 3, Fruit mûr. 4, Calice ouvert pour montrer la capsule qui est entièrement libre. 5, Coupe transversale de la capsule. 6, Axe central. 7, Une valve séparée et vue intérieurement, pour montrer la cloison. 8, Graine grossie. 9, La même coupée longitudinalement pour montrer la forme de l'embryon.

---

(1) Cette espèce a de grands rapports avec le Melastoma *strigosa* LE. s.

Dessiné par Poiteau

Gravé par Bilhe

TRISTEMMA virusana

TRISTEMMA *VIRUSANA.*

FAM. des MÉLASTOMÉES, *JUSS.* — DÉCANDRIE MONOGYNIE, *LINN.*

TRISTEMMA foliis ovato-lanceolatis, septemnerviis.

MELASTOMA virusana, COMMERS. *Mss.* TRISTEMMA, *JUSS. Gen. Plant.* pag. 329.

Plante herbacée, vivace, originaire de Madagascar, et transportée à l'Isle-de-France où elle s'est naturalisée, et où elle croît sur les bords des ruisseaux; découverte par Commerson, et trouvée ensuite par le Célèbre Naturaliste Riche qui en avoit récolté un grand nombre d'échantillons. Cette belle espèce fleurit dans son pays natal, au commencement de l'automne.

TIGES presque droites, fistuleuses dans l'état de dessication, tétragones et à angles aigus; dichotomes, rameuses, hérissées de soies longues et roides; rudes au toucher, d'un brun foncé, hautes de cinq à six décimètres, de la grosseur du petit doigt. *RAMEAUX* axillaires, opposés, quelquefois alternes par avortement; ouverts, de la forme et de la couleur des tiges.

FEUILLES opposées, pétiolées, ouvertes, ovales et en lance, pointues, très entières, relevées de sept nervures longitudinales qui se confondent au sommet du pétiole, et entre lesquelles se trouve un grand nombre de veines transverses; parsemées sur chaque surface, et principalement sur la supérieure, de soies qui sont roides, renflées vers leur base et couchées dans toute leur étendue; d'un vert foncé en dessus, d'un vert jaunâtre en dessous, longues de treize centimètres, larges de six.

PÉTIOLES réunis à leur base qui est dilatée, qui entoure les rameaux, et qui est surmontée de longues soies roides; ouverts, convexes d'un côté, sillonnés de l'autre; hérissés, de la couleur des rameaux; longs de trois centimètres.

FLEURS cinq à six, situées dans les points de bifurcation, et entre les deux feuilles terminales; rapprochées en tête, sessiles, munies chacune d'une bractée; se développant successivement; d'un pourpre peu foncé.

TÊTE de FLEURS sphérique, presque sessile, entourée d'une collerette. *FOLIOLES* de la *COLLERETTE* au nombre de quatre, semblables aux feuilles de la tige; droites, inégales, dilatées et concaves à leur base qui embrasse chaque paquet de fleurs.

PÉDONCULE ordinairement peu apparent, quelquefois long d'un centimètre; droit, cylindrique, hérissé, de la couleur des pétioles.

BRACTÉES se recouvrant par leurs bords, et embrassant étroitement les fleurs et les fruits; ovales, pointues, membraneuses, hérissées en dehors, glabres en dedans, plus courtes que les folioles de la collerette.

CALICE tubuleux, ventru, adhérent à l'ovaire dans sa moitié inférieure; glabre, muni au-dessous de son limbe de trois rangées circulaires de soies courtes et purpurines, qui forment une espèce de couronne triple, d'où vient le nom de *TRISTEMMA*. *LIMBE* à cinq divisions ouvertes, en lance, pointues, ciliées, subsistantes.

PÉTALES cinq, insérés dans les sinus du limbe du calice, et deux fois plus longs que ses découpures; munis d'un onglet, ovales-renversés, tombant promptement.

ÉTAMINES dix, attachées deux à deux à la base de chaque découpure du limbe du calice; de la longueur de la corolle. *FILETS* droits, en alène, coudés vers leur sommet qui est muni à l'intérieur de deux glandes jaunâtres et portées sur un petit pivot. *ANTHÈRES* droites, linéaires, aiguës, trouées à leur sommet, presque de la longueur des filets.

OVAIRE oblong, adhérent au calice. *STYLE* droit, filiforme, renflé vers le sommet; blanchâtre, s'élevant presque à la hauteur des étamines. *STIGMATE* obtus, tronqué.

BAIE ovale, couronnée par les découpures du calice; devenant anguleuse par la pression des autres fruits que recouvre une enveloppe commune; remplie de pulpe; divisée en cinq loges; contenant un grand nombre de graines.

GRAINES en forme de limaçon; glabres, d'un brun clair, paroissant chagrinées lorsqu'on les observe avec la loupe.

OBS. 1.° Quoique le genre *TRISTEMMA* soit décrit depuis près de vingt ans, néanmoins la plante qui a servi à l'établir, est encore peu connue des Botanistes. M. de La Marck n'en a fait aucune mention, ni dans son Dictionnaire, ni dans ses Illustrations des genres; et M. Willdenow l'a passée sous silence dans la nouvelle édition qu'il publie du *Species plantarum* de Linnæus. La figure que je donne du *TRISTEMMA virusana*, servira non seulement à faire connoître cette espèce, mais l'analyse exacte des parties de la fructification, prouvera que si cette plante se rapproche infiniment du *MÉLASTOMA, LINN.*, elle se distingue aussi par des caractères qui lui sont propres, tels que la triple couronne de soies située au-dessous du limbe du calice, les pétales portés sur un long onglet, etc... Lorsqu'un genre est aussi nombreux en espèces que celui du *MÉLASTOMA*, on ne doit pas hésiter, à saisir les caractères distinctifs et tranchés qu'il présente, pour établir des divisions, ou former des genres secondaires, pourvu que ces genres secondaires soient placés, comme dans les familles naturelles, à la suite de celui dont ils émanent, ou avec lequel ils ont le plus de rapports.

2.° Le genre *TRISTEMMA* comprend les deux espèces suivantes.

TRISTEMMA virusana. Foliis ovato-lanceolatis, septemnerviis.

TRISTEMMA hirta. Foliis ovatis, quinquenerviis. *V*. Flore d'Oware, pag. 93, pl. 57.

Expl. des fig. 1, Une fleur avec sa bractée. 2, Calice dont le limbe est ouvert. 3, Le même dont le limbe est fermé, pour montrer les trois rangées circulaires de soies. 4, Le même coupé longitudinalement, pour montrer l'attache des petales ainsi que celle des étamines, et la forme du pistil. 5, Une étamine très grossie. 6, Un fruit. 7, Le même coupé transversalement, pour montrer le nombre des loges. 8, Quelques graines. 9, Une graine grossie.

Dessiné par Turpin. Gravé par Sellier.

POITEA galegoïdes.

POITEA. (1)

FAM. des LÉGUMINEUSES, §. V, *JUSS.* — DIADELPHIE DÉCANDRIE, *LINN.*

CHARACTER ESSENTIALIS. *Calix* obconicus, limbo 5-dentato. *Petala* unguiculata, ferè in tubum conniventia. *Vexillum* ovali-oblongum, retusum, alis incumbens et brevius. *Alæ* lineari-lanceolatæ, carinâ breviores. *Carina* 2-petala, alis longior et conformis. *Stamina* petalis longiora, plurimùm exserta. *Legumen* planum lineari-lanceolatum, mucronatum, polyspermum. *Semina* lenticularia. *Frutex* habitu GALEGÆ. *Folia alterna, impari-pinnata, stipulacea; stipulis a petiolo distinctis. Foliola ut in ERYTHRINA, CLITORIA, etc. suprà petiolum articulata, sed stipulis orbata. Pedunculi axillares, 1-4-flori. Flores nutantes, bracteati, eminùs illos FUCHSIÆ* coccineæ *mentientes.*

POITEA *GALEGOIDES.*

Arbrisseau délicat et effilé, de la hauteur de deux mètres; découvert par M. Poiteau, à Saint-Domingue, dans les petits bois frais, le long des torrents. Il passe l'hiver dans la serre chaude, et fleurit pendant l'été.

TIGES droites, cylindriques, rameuses, glabres, de couleur cendrée, de la grosseur du petit doigt. *RAMEAUX* axillaires, alternes, ouverts, de la forme des tiges, parsemés de poils courts et soyeux.

FEUILLES alternes, rapprochées, peu ouvertes, ailées avec impaire, pétiolées, munies de stipules; soyeuses, d'un vert cendré, longues de six centimètres. *FOLIOLES* douze à dix-huit sur chaque rangée, opposées, articulées sur le pétiole commun, presque sessiles, dépourvues de stipules; linéaires, surmontées d'une pointe courte, relevées en dessous d'une côte saillante et jaunâtre, sillonnées en dessus, se réfléchissant aux approches de la nuit : celles du milieu des ailes, longues de douze millimètres; les inférieures et les supérieures plus courtes.

PÉTIOLE COMMUN de la couleur des feuilles, articulé, anguleux en dessus, sillonné en dessous. *PÉTIOLES PARTIELS* très courts.

STIPULES distinctes du pétiole; droites, en alène, roides, subsistantes, presque glabres, du tiers de la longueur des folioles.

PÉDONCULES axillaires, solitaires, filiformes, recourbés, soyeux, à deux ou trois fleurs; de la couleur du pétiole commun, et du tiers de sa longueur.

---

(1) Genre dédié à M. Poiteau qui, dans la nouvelle édition des arbres fruitiers de Duhamel, qu'il publie, conjointement avec son ami, M. Turpin, prouve qu'il réunit dans un haut degré, les connoissances du Botaniste aux talents du Dessinateur.

FLEURS pendantes, pédiculées, munies de bractées; paroissant, lorsqu'on les voit à une certaine distance, avoir quelque ressemblance avec celles du *FUCHSIA coccinea*.

PÉDICULES réfléchis, capillaires, de la couleur du pédoncule, presque de la longueur des fleurs.

BRACTÉES à la base des pédicules; solitaires, horizontales, en lance, de la couleur des stipules, et plus courtes.

CALICE en forme de cône renversé, légèrement soyeux, divisé à son limbe en cinq dents courtes dont deux supérieures, et trois inférieures; de couleur cendrée, subsistant, long de cinq millimètres.

COROLLE attachée à la base du calice, formée de cinq pétales très rapprochés et munis chacun d'un onglet. *ÉTENDARD* ovale-oblong, échancré au sommet, concave et à bords réfléchis, penché sur les autres pétales qu'il recouvre en partie; plus court que les ailes. *AILES* linéaires et en lance, obtuses, munies d'une oreillette sur un des côtés du sommet de l'onglet; appliquées contre la carène et plus courtes. *CARÈNE* formée de deux pétales qui ont la même forme que les ailes.

ÉTAMINES dix, insérées sur le calice au dessous de la corolle; diadelphes, très saillantes. *FILETS* neuf, réunis dans leur moitié inférieure en une gaîne fendue sous l'étendard, libres dans leur moitié supérieure, alternativement plus courts : dixième filet libre dans toute son étendue; capillaire, placé sous la fissure de la gaîne. *ANTHÈRES* mobiles, ovales, à deux loges, d'un jaune pâle. *POLLEN* de la couleur de la corolle.

OVAIRE renfermé dans la gaîne des étamines; pédiculé, linéaire, comprimé, glabre, verdâtre. *STYLE* de la longueur des étamines; filiforme, glabre, d'un rouge foncé. *STIGMATE* simple, aigu.

LÉGUME réfléchi, pédiculé, linéaire et en lance, comprimé, gibbeux par la saillie des graines; coriace, glabre, polysperme, s'ouvrant en deux valves qui se roulent en spirale; d'un brun foncé, long de six centimètres, larges de sept millimètres.

GRAINES orbiculaires, comprimées, échancrées à leur ombilic, glabres, luisantes, d'un brun foncé.

OBS. De tous les genres de la famille des Legumineuses, l'*ERYTHRINA* et le *RUDOLPHIA* sont les seuls dont le *POITEA* se rapproche davantage, surtout par la direction des pétales qui sont connivents dans ces genres, et qui ne s'écartent point en s'épanouissant, comme dans beaucoup d'autres papillonacées. Mais si l'on considère que le caractère essentiel des *ERYTHRINA* et *RUDOLPHIA* consiste principalement dans la longueur de l'étendard qui surpasse infiniment celle des ailes et de la carène, on sera convaincu qu'on ne devoit rapporter à aucun de ces deux genres le *POITEA* dont l'étendard de la corolle est le plus court de tous les pétales. Le caractère essentiel du *POITEA* est donc diamétralement opposé à celui des *ERYTHRINA* et *RUDOLPHIA*; et le port très différent dans les espèces de chacun de ces trois genres, semble venir à l'appui de la distinction qui doit exister entre eux.

ERYTHRINA. Vexillum longissimum. Alæ et carina calice vix longiores. Stamina vexillo breviora. Legumen torulosum, polyspermum. *Folia ternata, foliolis stipulaceis.*

RUDOLPHIA. Vexillum, alæ, carina et stamina *ERYTHRINÆ*. Legumen planum, polyspermum. *Folia simplicia.*

POITEA. Vexillum alis brevius. Alæ carinâ breviores. Stamina exserta. Legumen planum, polyspermum. *Folia impari-pinnata, foliolis 12-18 jugis, exstipulaceis.*

Expl. des fig. 1, Fleur. 2, Pétales. 3, Calice, et organes sexuels. 4, Calice et pistil. 5, Calice très grossi, pour montrer les dents de son limbe. 6, Fruit. 7, Deux graines. 8, Une graine grossie.

Dessiné par Turpin — Gravé par Dien

RIEDLEA serrata.

RIEDLEA (1).

Fam. des Hermannies, *Vent.* — Monadelphie Pentandrie, *Linn.*

Character essentialis. *Calix* duplex, persistens; exterior 3-phyllus; interior 1-phyllus, campanulatus, 5-dentatus, brevior. *Petala* 5, ungue plano. *Stamina* 5; filamentis in columnam coalitis; antheris conniventibus. *Stylus* 5-fidus, laciniis hispidulis, persistens. *Capsula* 5-locularis, 5-valvis, 5-sperma. *Receptaculum* centrale, angulosum. *Corculum* perispermo farinoso cinctum. *Radicula* infera. *Cotyledones* foliaceæ, transversim curvatæ. *Planta perennis, hirsuta. Folia alterna, stipulacea. Flores 3-5 glomerati, in spicam terminalem et interruptam dispositi*

RIEDLEA *SERRATA*.

Plante herbacée, vivace, dont le port a beaucoup de ressemblance avec celui du *Melochia hirsuta, Cav.*; cultivée chez M. Cels, en 1800, de graines rapportées de Porto-Ricco par Riedlé. Elle passe l'hiver dans la serre chaude, et fleurit au milieu de l'été.

Racine presque ligneuse, rameuse, munie de fibres; de couleur cendrée.

Tiges droites, cylindriques, striées, rameuses, feuillées, hérissées de poils longs et insérés sur un tubercule; très velues, d'un brun cendré, hautes d'un mètre, de la grosseur d'une plume de cygne. *Rameaux* axillaires, alternes, peu ouverts, de la forme et de la couleur des tiges.

Feuilles alternes, pétiolées, ouvertes, munies de stipules; en cœur et ovales, aigues, inégalement dentées en scie sur leurs bords, relevées d'une côte saillante d'où partent plusieurs nervures latérales; veineuses, très velues, longues de sept centimètres, larges de quatre.

Pétioles ouverts, convexes d'un côté, sillonnés de l'autre, très velus, de la couleur des rameaux, du quart de la longueur des feuilles.

Stipules insérées sur les côtés de la base du pétiole, et presque de la même longueur; horizontales, en lance, pointues, membraneuses, striées, ciliées, glabres en dessus et velues en dessous.

Grappes au sommet des tiges et des rameaux; solitaires, alongées, obtuses, grêles, interrompues, courbées vers leur sommet. *Axe* cylindrique, strié, velu, de la couleur des rameaux.

---

(1) Genre consacré à la mémoire de Riedlé, qui, après avoir fait une moisson abondante de plantes sèches et vivantes dans les Antilles, accompagna le capitaine Baudin dans son voyage autour du monde, et mourut à Timor, victime de son zèle pour la science.

FLEURS rapprochées par petits paquets ou verticilles très écartés dans la moitié inférieure de l'axe de l'épi; presque sessiles, droites, munies de bractées; de la couleur de celles du *MELOCHIA pyramidalis*, et deux fois plus grandes.

BRACTÉES deux, opposées, entièrement conformes aux stipules.

CALICE double, très velu, subsistant : l'extérieur formé de trois folioles droites, en lance et linéaires, pointues, presque de la longueur de la fleur : l'intérieur, plus court, d'une seule pièce, en forme de cloche, membraneux, à cinq dents.

COROLLE formée de cinq pétales onguiculés. *ONGLETS* droits, planes, jaunâtres, de la longueur du calice intérieur. *LAMES* ouvertes, ovales-renversées, parsemées de veines nombreuses.

ÉTAMINES cinq, droites, monadelphes, plus courtes que la corolle. *FILETS* réunis en un tube cylindrique et blanchâtre. *ANTHÈRES* droites, ovales, conniventes, à deux loges; d'un jaune pâle.

OVAIRE libre, arrondi, creusé de cinq sillons, très velu. *STYLE* subsistant, de la longueur de la corolle; simple et engainé dans sa moitié inférieure par le tube qui porte les anthères; divisé dans sa partie supérieure en cinq découpures droites, écartées, linéaires et pubescentes.

CAPSULE entourée par les deux calices; de la grosseur d'un pois, surmontée du style; membraneuse, très velue, de couleur brune, à cinq loges, s'ouvrant en cinq valves. *LOGES* monospermes. *VALVES* bifides. *PLACENTA* central, pentagone à sa base, cylindrique dans sa partie supérieure.

GRAINES insérées à la base du placenta, solitaires dans chaque loge; convexes d'un côté, anguleuses de l'autre; glabres, d'un brun foncé.

EMBRYON dans le centre d'un périsperme farineux. *RADICULE* inférieure. *LOBES* presque orbiculaires, foliacés, courbés transversalement.

OBS. 1.° Le genre que je viens d'établir se distingue du *MELOCHIA*, par son calice double, par ses étamines dont les filets sont réunis non en simple godet, mais en un tube cylindrique, et par ses semences qui sont attachées à un placenta central. Si le caractère fourni par le calice extérieur pouvoit être retranché du caractère générique du *RIEDLEA*, on rapporteroit alors à ce genre le *MELOCHIA caracasana*, *JACQ.* dont les étamines sont réunies en cylindre, et dont les graines sont portées sur un placenta central. Cette espèce, et celle que j'ai décrite, seroient distinguées et déterminées par les phrases suivantes.

RIEDLEA serrata. Calice duplici; foliis cordato-ovatis, inæqualiter serratis, hirsutis.

RIEDLEA crenata. Calice simplici; foliis cordatis, crenatis, subtùs tomentosis.

2.° Le genre *RIEDLEA* doit appartenir à la famille des Hermannies que j'ai établie dans l'ouvrage de la Malmaison, pag. 91. Cette famille composée des genres de la première §. des Tiliacées, et de ceux des Malvacées dont l'embryon est pourvu d'un périsperme, tels que les *HUGONIA*, *MELOCHIA*, *STERCULIA*, etc. tient le milieu entre les Malvacées et les Tiliacées, et lie ensemble ces deux familles.

MALVACÉES. Étamines monadelphes. Embryon à lobes froncés. Périsperme remplacé par un mucilage qui s'insinue entre les replis des lobes de l'embryon.

HERMANNIES. Étamines monadelphes. Embryon au centre d'un périsperme farineux.

TILIACÉES. Étamines distinctes. Embryon au centre d'un périsperme charnu.

Expl. des fig. 1, Fleur. 2, Calice double. 3, Un pétale. 4, Calice ouvert pour montrer l'attache de la corolle et la forme des étamines. 5, Pistil. 6, Fruit entouré par le double calice, et surmonté du style. 7, Le même, avec le calice renversé. 8, Coupe transversale de la capsule, pour montrer les cinq loges, et le placenta central. 9, Placenta central. 10, Une demi-valve. 11, Une graine. 12 et 13, la même coupée longitudinalement et transversalement pour montrer la forme et la position de l'embryon. (Fig. 3, 4, etc. grossies.)

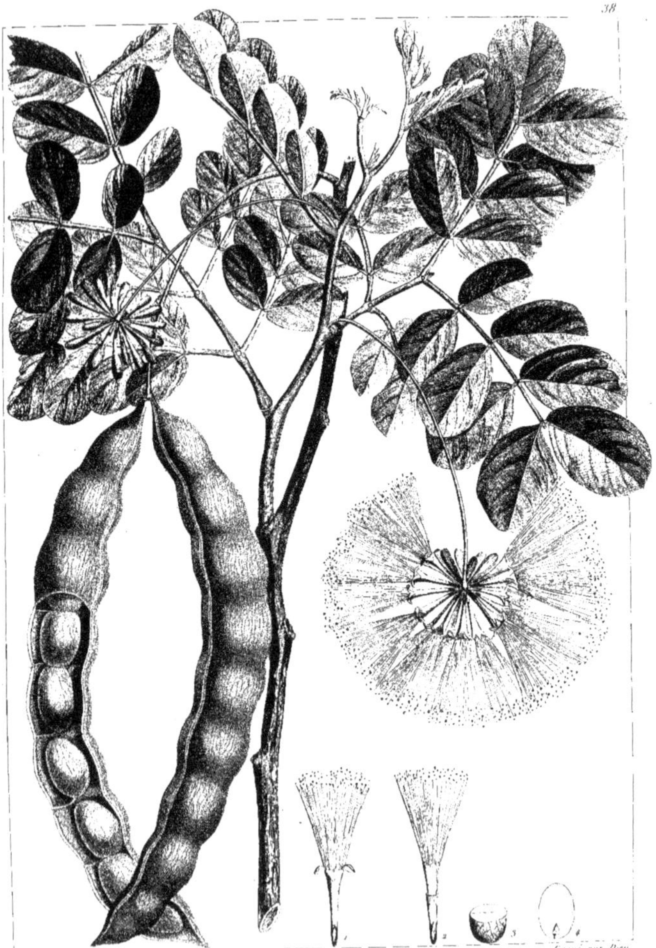

Dessiné par Poiteau. Gravé par Dieu

INGA filipes

INGA *FILIPES.*

FAM. des LÉGUMINEUSES, *JUSS.* — POLYGAMIE MONOECIE, *LINN. Spec. Plant., curâ WILLDEN*, §. VI, *Foliis-duplicato pinnatis.*

INGA inermis; pinnis bijugis; foliolis quadrijugis, obovatis, glabris; pedunculis axillaribus, reflexis, filiformibus, multifloris, longissimis.

Arbrisseau découvert à Saint-Domingue par M. Poiteau; remarquable par la dureté de son bois, par ses feuilles coriaces, par la finesse et la longueur de ses pédoncules, et par ses fruits d'un rouge éclatant. Il croît sur les mornes secondaires, à l'exposition du nord. Ses fleurs s'épanouissent au commencement du printemps, et durant le cours de l'été.

TIGE droite, rameuse dès sa base, recouverte d'une écorce crevassée et de couleur cendrée; haute de trois mètres, de la grosseur du pouce. *BRANCHES* alternes, peu ouvertes, cylindriques, noueuses, glabres, gercées, de la couleur de la tige. *RAMEAUX* axillaires, droits.

FEUILLES alternes, pétiolées, deux fois ailées sans impaire; munies de stipules. *AILES* opposées, horizontales, quelquefois simplement conjuguées, plus souvent disposées sur deux ou trois rangées. *FOLIOLES* ordinairement au nombre de quatre sur chaque côté des ailes; opposées, presque sessiles, ovales-renversées, divisées inégalement par la côte moyenne; veinées en forme de réseau sur leur surface inférieure; coriaces, glabres, d'un vert foncé en dessus, d'un vert pâle en dessous : les deux supérieures longues de trente-cinq millimètres, et larges de vingt-cinq; les inférieures insensiblement plus courtes.

PÉTIOLE COMMUN presque droit, cylindrique, renflé à sa base, surmonté d'une pointe courte, muni, entre chaque paire d'ailes, d'une glande cupulée et sessile; légèrement pubescent, d'un brun clair, long de quatre centimètres. *PÉTIOLES SECONDAIRES*, horizontaux, de la forme et de la couleur du pétiole commun, longs de six centimètres. *PÉTIOLES* des folioles renflés, extrêmement courts.

STIPULES distinctes du pétiole; droites, ovales, membraneuses, légèrement pubescentes, tombant promptement; très courtes.

PÉDONCULES axillaires, solitaires, réfléchis, filiformes, renflés à leur sommet, presque glabres, à plusieurs fleurs; plus longs que les feuilles.

FLEURS au sommet du pédoncule, écartées et ouvertes en étoile, sessiles, munies de bractées; verdâtres, grêles, longues de quatre centimètres : la plupart hermaphrodites, quelques unes simplement mâles.

BRACTÉES en nombre égal à celui des fleurs; de la forme et de la couleur des stipules.

CALICE d'une seule pièce, tubuleux, glabre, divisé à son limbe en cinq dents courtes, long de cinq millimètres.

COROLLE monopétale, insérée à la base du calice, et trois fois plus longue; tubulée, dentée à son limbe. *TUBE* grêle, insensiblement dilaté. *LIMBE* à cinq dents ouvertes ou réfléchies.

ÉTAMINES très nombreuses, ayant la même attache que la corolle et deux fois plus longues; monadelphes. *FILETS* droits, capillaires, blanchâtres, réunis en tube dans la partie qui est recouverte par la corolle, libres et distincts vers leur sommet. *ANTHÈRES* mobiles, arrondies, très petites, d'un jaune de soufre.

OVAIRE libre, oblong, glabre, verdâtre. *STYLE* droit, capillaire, plus long que les étamines, et de la même couleur. *STIGMATE* obtus.

LÉGUMES pendants, longs d'un double décimètre, comprimés, pointus, renflés par la saillie des graines; s'ouvrant en deux valves, d'un rouge éclatant, polyspermes.

GRAINES ovales, légèrement comprimées, presque de la grandeur de celles de l'HYMENÆA; recouvertes d'une membrane très mince, de couleur fauve, veinées de rouge.

EMBRYON droit, de la forme des graines. *LOBES* grands, convexes en dehors, planes en dedans, charnus, verdâtres. *RADICULE* et *PLUMULE* très petites, de forme conique.

OBS. La plante que je viens de décrire appartient au genre *ACACIA* de Tournefort. Ce genre a été réuni par Linnæus à celui du *MIMOSA* : mais l'observation a démontré que dans cette circonstance, ainsi que dans plusieurs autres, le Célèbre Professeur d'Upsal n'auroit pas dû former un seul groupe des genres que Tournefort avoit jugé à propos de séparer, et sur-tout des genres *ACACIA* et *MIMOSA*. Les partisans zélés du système sexuel, ont adopté presque sans examen les genres établis par Linnæus. Cependant Adanson et Gærtner dirigés dans leurs travaux par l'observation la plus rigoureuse, ont rétabli la plupart des genres de Tournefort, et sur-tout ceux de l'*ACACIA* et du *MIMOSA*. L'auteur du savant ouvrage sur la structure des fruits et des semences a même ajouté, après la description de l'*ACACIA*, ces expressions remarquables : « *Genus judiciosè a summo Tournefortio in duo divisum* ». Linnæus n'avoit décrit dans le Species de 1762, que 43 espèces de *MIMOSA*; M. Willdenow qui vient d'en publier 205 a pensé que pour classer convenablement un nombre aussi considérable de plantes, il devoit non seulement adopter les genres *ACACIA* et *MIMOSA* de Tournefort, mais encore rétablir le genre *INGA* de Plumier, et former deux nouveaux genres auxquels le Savant Professeur de Berlin a donné les noms de *SCHRANKIA* et *DESMANTHUS*.

Expl. des fig. 1, Fleur. 2, La même dont une partie du tube de la corolle a été retranchée, pour montrer la monadelphie des étamines. 3, Une graine coupée transversalement. 4, La même coupée longitudinalement pour montrer la position de la radicule et de la plumule

Dessiné par Turpin.

Gravé par Dien

SCUTELLARIA incarnata

SCUTELLARIA *INCARNATA*.

FAM. des LABIÉES, *JUSS.* — DIDYNAMIE GYMNOSPERMIE, *LINN.*

SCUTELLARIA foliis cordatis, dentatis, subtùs tomentosis; spicis terminalibus secundis; bracteis lineari-lanceolatis; floribus incarnatis.

VAR. β. (*Minor*) foliis lanceolato-ovatis.

Plante herbacée, vivace, remarquable par l'éclat de ses fleurs; originaire de l'Amérique Méridionale; envoyée de Santa-Fé de Bogota, par M. Umana, Savant Naturaliste Espagnol.

TIGES droites dans leur partie inférieure, et courbées dans la supérieure; tétragones, rameuses, hérissées de poils mous, courts et serrés; de couleur cendrée, longues de six décimètres, de la grosseur d'une plume de corbeau. *RAMEAUX* axillaires, opposés, ayant la forme et la direction des tiges.

FEUILLES opposées, très ouvertes, pétiolées, en cœur ou en lance et ovales; aiguës, dentées, relevées d'une côte saillante et rameuse; paroissant veinées, lorsqu'on les observe avec la loupe; parsemées en dessus de poils mous et peu apparents, drapées en dessous; douces au toucher, d'un vert foncé sur la surface supérieure, d'un vert pâle sur l'inférieure : celles qui sont en cœur, longues de cinq centimètres et larges de trois; celles qui sont ovales et en lance, moitié plus courtes.

PÉTIOLES presque horizontaux, ouverts, convexes d'un côté, sillonnés de l'autre; de la couleur des rameaux; du quart de la longueur des feuilles.

GRAPPES au sommet des rameaux; solitaires, très simples, légèrement courbées, lâches ou peu garnies de fleurs; longues d'un décimètre. *Axes* des grappes ayant la forme et la couleur des rameaux.

FLEURS opposées, ou verticillées en petit nombre sur l'axe des grappes; écartées et disposées sur deux rangées; ouvertes, pédiculées, munies chacune d'une bractée; d'un beau rouge, longues de trois centimètres.

PÉDICULES ouverts, cylindriques, de la couleur de l'axe, longs d'un centimètre.

BRACTÉES horizontales, linéaires et en lance, de la couleur et de la longueur des pédicules.

CALICE d'une seule pièce, tubulé, comprimé, presque entier à son limbe; hérissé en dehors de poils mous et courts, glabre en dedans; de couleur cendrée, de la moitié de la longueur du pédicule; subsistant. *TUBE* insensiblement dilaté, muni dans sa partie moyenne d'une petite écaille concave qui s'alonge considérablement après la floraison, et devient presque plane.

COROLLE monopétale, hypogyne, tubulée, labiée, pubescente, six fois plus longue que le calice. *TUBE* rétréci vers sa base, insensiblement dilaté et comprimé dans le reste de son étendue. *LIMBE* peu ouvert, divisé en deux lèvres. *LÈVRE SUPÉRIEURE* à trois découpures ovales, obtuses, concaves. *LÈVRE INFÉRIEURE* à une seule découpure très entière.

ÉTAMINES quatre, dont deux plus longues et deux plus courtes (*didynames*); attachées au dessus de la partie moyenne du tube, situées sous la lèvre supérieure, et plus courtes. *FILETS* courbés, filiformes. *ANTHÈRES* mobiles, ovales, à deux lobes distincts et écartés après la fécondation.

OVAIRE libre, à quatre lobes, porté sur un réceptacle charnu. *STYLE* courbé vers le sommet; filiforme, de la longueur des étamines. *STIGMATE* à deux divisions courtes, ouvertes, pointues, inégales.

GRAINES quatre, ovales-arrondies, de couleur brune, situées au fond du calice qui fait les fonctions de péricarpe, et dont le limbe s'est resserré.

OBS. 1.° J'ai dû considérer les deux plantes qui sont figurées dans la planche 39, comme des variétés d'une seule et même espèce, puisqu'elles se ressemblent parfaitement, et qu'elles présentent sur les mêmes individus des feuilles en cœur, et des feuilles ovales.

2.° La *SCUTELLARIA incarnata* semble s'éloigner du genre par le tube de la corolle qui n'est point courbé en arrière à sa base, par la lèvre supérieure dont la division moyenne n'est point échancrée, et par la lèvre inférieure qui est très entière. Elle ne doit pas cependant être séparée du *SCUTELLARIA* puisqu'elle présente le caractère essentiel de ce genre, qui consiste dans une écaille concave, adhérente au calice, et s'alongeant considérablement après la floraison.

3.° Le calice des espèces du genre *SCUTELLARIA* n'est point fermé dans la maturité du fruit par un opercule, mais par les lèvres du limbe qui sont alors très rapprochées, et qui se resserrent comme dans toutes les autres Labiées. La petite écaille, en forme de hotte, qui adhéroit à la partie moyenne du calice, s'est à la vérité beaucoup accrue; mais elle est souvent droite, et lorsqu'elle est penchée sur le calice, elle ne ferme point son limbe, et ne doit pas être désignée par le nom d'opercule.

Expl. des fig. 1, Fleur entière un peu grossie. 2, Calice et Pistil. 3, Corolle ouverte. 4, Anthère grossie. 5, Calice qui s'est considérablement accru après la floraison, resserré à son limbe pour retenir les graines. 6, Le même fendu sur un de ses côtés pour montrer les quatre graines qui sont portées sur un réceptacle charnu.

Dessiné par Turpin.

Gravé par Sellier

SPATHODEA corymbosa

SPATHODEA *corymbosa.*

Fam. des Bignones, *Juss.* – Didynamie Angiospermie, *Linn.*

SPATHODEA foliis oppositis, conjugatis, subcordatis, glaberrimis; petiolis pedunculisque basi glandulosis; floribus corymbosis.

Arbrisseau d'un bel aspect, croissant naturellement dans l'isle de la Trinité, où il fut découvert par Riedlé, lors de la première expédition du Capitaine Baudin. Ses fleurs presque aussi grandes que celles du *Bignonia radicans*, se développent dans le cours de l'été.

Tiges droites, cylindriques, rameuses, glabres, recouvertes d'une écorce gercée et d'un gris cendré; hautes de deux mètres. *Rameaux* axillaires, opposés, peu ouverts, noueux, feuillés, munis entre chaque pétiole d'un rebord demi-circulaire et peu saillant; de la forme et de la couleur des tiges.

Feuilles opposées, horizontales et quelquefois réfléchies, pétiolées, conjuguées, dépourvues de vrilles. *Folioles* pétiolées, en cœur et ovales, aiguës, très entières, relevées d'une côte saillante et rameuse; veinées, glabres, coriaces; d'un vert gai sur la surface supérieure, d'un vert plus pâle sur l'inférieure; longues de dix centimètres, larges de six.

Pétioles communs articulés dans les nœuds des rameaux; très ouverts, cylindriques, glanduleux à leur base, bifurqués à leur sommet; glabres, de la couleur des rameaux; longs de deux centimètres. *Pétioles* des *Folioles* articulés, de la longueur du pétiole commun, ayant la même forme, et la même couleur.

Corymbes dans les aisselles des feuilles, et au sommet des rameaux; solitaires, pédonculés, étalés, peu garnis de fleurs.

Pédoncule commun droit, articulé, glanduleux à sa base, divisé à son sommet; de la forme, de la couleur, et de la longueur des pétioles. *Divisions* au nombre de six, écartées comme les rayons d'une ombelle; articulées, bifurquées à leur sommet, ou surmontées chacune de deux pédicules uniflores; de la forme du pédoncule commun, et de la moitié de sa longueur.

Fleurs d'un rouge jaunâtre, très grandes, longues de huit centimètres; ayant les divisions du limbe recouvertes par leurs bords, ainsi que les Apocinées, avant leur épanouissement.

Calice d'une seule pièce, en forme de spathe; ventru, légèrement comprimé, glabre, coloré, divisé sur un de ses côtés dans toute son étendue; entier à son limbe qui se prolonge en une pointe conique et rejetée en dehors; long de trois centimètres.

Corolle monopétale, hypogyne, infundibuliforme. *Tube* insensiblement dilaté, strié, veineux, glabre, deux fois plus longs que le calice. *Limbe* très-ouvert, en cloche, à cinq divisions ovales-arrondies, réfléchies, presque égales, parsemées d'un grand nombre de veines.

Étamines cinq, savoir quatre fertiles dont deux plus grandes et deux plus courtes (*didynames*), et une stérile; insérées vers la base du tube. *Filets* courbés vers leur sommet, filiformes, glabres, de la moitié de la longueur du tube : celui de l'étamine stérile beaucoup plus court. *Anthères* formées de deux lobes qui adhèrent par leur sommet au filet, et qui sont écartés, presque horizontaux, linéaires et à une seule loge.

Ovaire libre, ovale, glabre. *Style* droit, cylindrique, un peu plus long que les étamines. *Stigmate* formé de deux lames rapprochées, ovales, comprimées.

Fruit. . . . .

Obs. 1.° La plante que je viens de décrire, paroît se rapprocher par la forme de ses feuilles, et par son inflorescence, du *Bignonia corymbifera*, *Vahl*; mais elle en diffère essentiellement par ses pétioles glanduleux à leur base, par son calice en forme de spathe, par la grandeur de ses fleurs, etc.

2.° J'avois annoncé dans le Jardin de la Malmaison, au verso de la page 43, la nécessité de former un nouveau genre qui comprendroit les espèces du *Bignonia*, dont le calice étoit en forme de spathe. M. Palissot de Beauvois a établi ce genre dans sa Flore d'Oware et de Benin, pag. 46, sous le nom de *Spathodea*. J'ai cru devoir adopter la dénomination de mon savant confrère; et j'ai désigné par le même nom générique l'espèce nouvelle que je publie.

3.° Le genre *Spathodea* renferme quatre espèces qui peuvent être distinguées par les phrases suivantes.

Spathodea corymbosa. Foliis oppositis, conjugatis, subcordatis, glaberrimis; floribus corymbosis. Pl. 40.

Spathodea longiflora. Foliis sæpiùs oppositis, impari-pinnatis; foliolis ovatis; floribus axillaribus, pedunculatis, longissimis. — *Bignonia spathacea*, *Linn.*

Spathodea campanulata. Beauv. Fl. d'Ow. pl. 27 et 28. Foliis alternis, impari-pinnatis; foliolis lanceolatis; floribus spicatis; corollis ventricoso-campanulatis.

Spathodea lævis. Beauv. Fl. d'Ow. pl. 29. Foliis alternis, impari-pinnatis; foliolis ovatis, supernè dentatis; floribus spicatis; corollis tubuloso-campanulatis.

Expl. des fig. 1, Calice et Pistil. 2, Corolle dont la partie supérieure est retranchée, et dont le tube est ouvert pour montrer l'attache, le nombre, et la direction des étamines. 3, Pistil.

Dessiné par Poiteau — Gravé par Dien.

GUAREA Ramiflora

GUAREA *RAMIFLORA*.

FAM. des AZEDARACHS, *JUSS.* — OCTANDRIE MONOGYNIE, *LINN.*

GUAREA foliis bijugatis; foliolis ovato-lanceolatis; ramis floriferis.

Arbre de moyenne grandeur, garni d'une cime touffue; découvert à Porto-Ricco par Riedlé. Ses fleurs s'épanouissent sur la fin du printemps.

TRONC droit, de la grosseur du Bouleau; recouvert d'une écorce crevassée et de couleur cendrée. *BRANCHES* alternes, très ouvertes, cylindriques, de la couleur du tronc, divisées en un grand nombre de rameaux. *RAMEAUX* ayant la direction et la forme des branches; de couleur brune, parsemés de tubercules blanchâtres. *JEUNES POUSSES* hérissées de poils courts qui tombent à mesure qu'elles prennent de l'accroissement.

FEUILLES alternes, peu ouvertes, portées sur de longs pétioles; ailées, d'un vert foncé en dessus, d'un vert pâle en dessous. *FOLIOLES* ordinairement à deux conjugaisons, et quelquefois à une seule; opposées, pétiolées, ovales et en lance, retrécies en une longue pointe vers leur sommet, très entières, relevées d'une côte saillante et rameuse; veinées, luisantes, parfaitement glabres sur leur surface supérieure, parsemées sur la côte, ainsi que sur les nervures de la surface inférieure, de poils peu apparents; longues de quatorze centimètres, larges de cinq.

PÉTIOLE COMMUN renflé à sa base et creusé de stries transversales; cylindrique et glabre dans sa partie inférieure qui est nue; convexe d'un côté et sillonné de l'autre dans sa partie supérieure qui porte les folioles, et qui est parsemée de poils couchés et peu apparents. *PÉTIOLES PARTIELS* renflés et striés transversalement dans toute leur étendue; convexes d'un côté, sillonnés de l'autre, longs de quinze millimètres.

FLEURS naissant sur le vieux bois, rapprochées en petits bouquets écartés les uns des autres; presque sessiles, entourées de bractées; d'un blanc lavé de rose; tétragones et tronquées à leur sommet avant leur épanouissement; ensuite très ouvertes et assez semblables à celles de l'Azedarach, mais un peu plus petites.

PÉDICULES droits, cylindriques, colorés, extrêmement courts.

BRACTÉES ovales-arrondies, très velues, de la longueur des pédicules.

CALICE très petit, d'une seule pièce, en forme de coupe; coloré, hérissé de poils, divisé à son limbe en quatre dents courtes.

PÉTALES quatre, insérés à la base du tube qui porte les étamines; très ouverts et recourbés; ovales-oblongs, obtus, glabres, quatre fois plus longs que le calice.

TUBE STAMINIFÈRE hypogyne, cylindrique, entier à son limbe; plus court que la corolle.

ÉTAMINES huit, attachées un peu au dessous du bord interne du tube. *FILETS* presque nuls. *ANTHÈRES* adhérentes au tube par un filet court qui s'insère dans leur partie moyenne; droites, ovales, obtuses, à deux loges, d'un jaune pâle.

OVAIRE libre, porté sur un réceptacle orbiculaire et concave; globuleux, glabre et verdâtre. *STYLE* cylindrique, de la longueur du tube qui porte les étamines. *STIGMATE* en tête, creusé de quatre sillons peu apparents.

CAPSULE entourée par le calice; globuleuse, creusée de quatre sillons, coriace, glabre, roussâtre, divisée en quatre loges, s'ouvrant en quatre valves. *CLOISONS* adhérentes longitudinalement à la partie moyenne des valves; contiguës, avant la maturité du fruit, au placenta ou axe central.

GRAINES solitaires dans chaque loge, attachées à l'axe central par un filet alongé; pendantes, ovales, recouvertes à leur ombilic d'une tunique blanche d'un côté, et rouge de l'autre.

OBS. L'espèce que je viens de décrire, et celle que Linnæus a nommée *GUAREA trichilioides*, peuvent être distinguées par les phrases suivantes qui présentent leurs principaux caractères spécifiques.

GUAREA trichilioides. Foliis pinnatis; foliolis 7-14-jugis, oblongis; racemis axillaribus, solitariis, longissimis; capsulis turbinatis.

GUAREA ramiflora. Foliis bijugatis; foliolis ovato-lanceolatis; ramis floriferis; capsulis globosis.

Expl. des fig. 1, Fleur. 2, Tube staminifère. 3, Un pétale. 4, Calice, et Pistil porté sur un réceptacle. 5, Capsule. 6, La même ouverte pour montrer les cloisons adhérentes aux valves, et les graines pendantes qui adhèrent au placenta par leur cordon ombilical. 7, Une graine pourvue de sa tunique. (Toutes les figures de la fleur sont grossies.)

Dessiné par Turpin — Gravé par Sellier

POIRETIA scandens.

POIRETIA. (1)

FAM. des LÉGUMINEUSES, §. VIII, *Juss.* — DIADELPHIE DÉCANDRIE, *LINN.*

CHARACTER ESSENTIALIS. *Calix* campanulatus, limbo 2 - labiato, suprà emarginato, infrà 3 - dentato. *Vexillum* semiorbiculatum, emarginatum, à carinà repulsum, lateribus reflexum. *Alæ* oblongæ, obtusissimæ. *Carina* falcata, sursùm flexa. *Stamina* 10, quandoquè 8, 1-adelpha. *Stigma* capitatum. *Legumen* compressum, articulatum; articulis 1-spermis, maturitate à se invicem solubilibus. *Frutex scandens. Folia abruptè pinnata, bijuga, glanduloso-pellucida. Stipulæ à petiolo distinctæ. Flores racemosi, bracteati, glanduloso-pellucidi.* Habitus et flos *GLYCINES;* fructus verò *HEDYSARI.*

POIRETIA *SCANDENS.*

GLYCINE LAMARCK, *Illustrat. Gener. pl.* 609, *fig.* 2. *Ex Herbario autoris* (absquè ullâ descriptione.)

Arbrisseau découvert par M. Turpin, à Saint-Domingue, dans les terrains arides, parmi les Campêches sur lesquels il grimpe et s'élève; remarquable par les glandes transparentes dont toutes ses parties, et sur-tout les feuilles sont parsemées. Il passe l'hiver dans la serre chaude, et fleurit pendant toute la belle saison.

TIGES grimpantes, cylindriques, striées, rameuses, glabres, parsemées de glandes peu apparentes; d'un beau rouge, longues de deux mètres, de la grosseur d'une plume de corbeau. *RAMEAUX* axillaires, alternes, très ouverts, ayant la forme et la direction des tiges; pubescents, de couleur cendrée.

FEUILLES alternes, rapprochées, horizontales, ailées sans impaire, pétiolées et articulées sur le pétiole, munies de stipules; paroissant, lorsqu'on les observe avec la loupe, parsemées de veines et couvertes de glandes; glabres, d'un vert tendre, longues de deux centimètres et demi. *FOLIOLES* de la forme et de la grandeur de celles du *COLUTEA cruenta AIT.*, au nombre de quatre, disposées sur deux rangées; opposées, pétiolées et articulées sur leur pétiole; en cœur renversé; s'abaissant et s'appliquant l'une contre l'autre aux approches de la nuit; longues de douze millimètres, et larges de dix : les deux inférieures pourvues chacune d'une stipule.

GLANDES éparses sur la surface et sur le bord des folioles qui paroît crénelé; saillantes, transparentes, entourées d'un anneau opaque.

PÉTIOLE COMMUN cylindrique, très grêle, renflé et parsemé de glandes à sa base; strié, pubescent, de la couleur des rameaux, long de vingt millimètres. *PÉTIOLES PARTIELS* de la forme du pétiole commun; glanduleux sur toute leur surface, extrêmement courts.

---

(1) Le genre *POIRETIA* établi par Cavanilles, est le même que celui qui avoit été déjà nommé *SPRENGELIA* par M. Smith. — Le genre *POIRETIA* de Gmelin est, d'après l'observation de M. de Jussieu, une espèce du *DICHONDRA* de Forster.

STIPULES des FEUILLES distinctes du pétiole commun et situées au dessous de cet organe; ouvertes, en lance, pointues, glanduleuses, subsistantes, très courtes. *STIPULES* des *FOLIOLES* conformes à celles des feuilles; de la longueur des pétioles partiels.

GRAPPES axillaires, solitaires, très ouvertes, simples, ne contenant qu'un petit nombre de fleurs; à peine de la longueur du pétiole commun. *AXES* des grappes munis à leur base de quelques bractées courtes et conformes aux stipules; filiformes, glanduleux, pubescents.

FLEURS horizontales, pédiculées, glanduleuses, d'un jaune citron, de la grandeur de celles du Mélilot.

PÉDICULES capillaires, renflés à leur sommet, munis chacun d'une bractée à leur base; de la couleur du pédoncule, et du tiers de la grandeur des fleurs.

CALICE très petit, en cloche, divisé à son limbe en deux lèvres, glabre, glanduleux, persistant. *LÈVRE SUPÉRIEURE* échancrée. *LÈVRE INFÉRIEURE* à trois dents égales.

COROLLE attachée vers la base du calice, papillonnacée, formée de quatre pétales portés chacun sur un onglet. *ÉTENDARD* repoussé par la carène; semi-orbiculaire, échancré, à bords réfléchis, plus long que les ailes. *AILES* oblongues, tronquées obliquement à leur sommet, munies d'une oreillette sur le côté de la base qui est opposé à l'onglet; un peu plus longues que la carène. *CARÈNE* courbée en demi cercle, renflée dans sa partie moyenne, obtuse à son sommet qui repousse l'étendard; bifide à sa base.

ÉTAMINES insérées à la base du calice; au nombre de dix, quelquefois de huit; monadelphes, contenues dans la carène. *FILETS* réunis dans presque toute leur étendue en une gaîne comprimée, courbée à son sommet, et creusée en dessous d'un sillon; libres dans leur partie supérieure, capillaires, alternativement plus courts. *ANTHÈRES* mobiles, arrondies, très petites, jaunâtres.

OVAIRE renfermé dans la gaîne des étamines; linéaire, comprimé, glabre. *STYLE* coudé, filiforme, plus long que les étamines. *STIGMATE* en tête.

LÉGUME pendant, linéaire, comprimé, glabre, glanduleux, articulé, entouré à sa base par le calice qui subsiste. *ARTICULATIONS* au nombre de trois, oblongues, monospermes, se séparant dans la maturité du fruit.

GRAINES oblongues, obtuses, munies vers leur base d'un ombilic linéaire et court, au dessus duquel on aperçoit le micropile.

OBS. 1.° La plante que je viens de décrire doit être placée à côté de l'*HEDYSARUM* dont elle se rapproche infiniment par la forme de son légume; mais elle s'en éloigne tellement par les caractères de la fleur, que M. de la Marck, qui n'en connoissoit point le fruit, n'a point hésité, d'après l'inspection des organes de la fleur, à la rapporter au genre *GLYCINE*. Ainsi le *POIRETIA* diffère essentiellement de l'*HEDYSARUM* par son port, et par les caractères de sa fleur; et il se distingue du *GLYCINE* par son légume formé d'articulations qui se séparent.

2.° Plusieurs botanistes donnent aux légumes moniliformes et articulés le nom de *Lomentum*. Qu'il me soit permis de remarquer que le mot *Lomentum* signifie, d'après tous les lexicographes, la bouillie que l'on fait avec les semences du Haricot, et qu'il ne paroît pas devoir être employé pour désigner une espèce de fruit, ou une sorte de gousse. C. Bauhin dit dans son *Pinax*, pag. 337, *acturi de leguminibus, primò de fabâ sermo erit, quia inter legumina maximus honos fabæ: quippè ex quâ tentatus etiam sit panis, cujus farina lomentum appellatur* PLIN. l. 18, c. 12.

3.° Le *POIRETIA scandens* est remarquable par la forme des glandes dont ses feuilles sont parsemées. Ces glandes qui sont saillantes, transparentes, et entourées d'un rebord opaque, ont plus de rapports avec les pores corticaux, qu'avec les glandes miliaires. Elles ont quelque ressemblance avec celles des *DALEA* et de quelques espèces de *PSORALEA*, qui sont les seules légumineuses dans lesquelles on ait observé des feuilles ponctuées. Voy. fig. *a*

Expl. des fig. 1, Fleur. 2, Pétales. 3, Calice. 4, Etamines. 5, Pistil. 6, Légume. 7, Le même dont les articulations se séparent. 8, Une graine. 9, La même grossie. 10, La même présentée de côté, pour montrer l'ombilic et le micropile. (*figures grossies.*)

Dessiné par Turpin.

Gravé par Sellier

SAMYDA spinulosa

SAMYDA *SPINULOSA.*

Fam. des Samydées (1). – Décandrie Monogynie, *Linn.*

SAMYDA floribus decandris; foliis ovali-oblongis, acuminatis, serrulatis, coriaceis, glaberrimis; pedunculis axillaribus, unifloris.

Arbrisseau remarquable par la beauté de son feuillage, croissant naturellement à l'île de Saint-Thomas, où il a été découvert par Riedlé. Ses fleurs s'épanouissent sur la fin de l'été.

Tige droite, très rameuse, recouverte d'une écorce gercée et d'un brun cendré; haute de quatre mètres. *Branches* alternes, très ouvertes, de la couleur du tronc. *Rameaux* ayant la direction des branches; cylindriques, pliants, légèrement pubescents, parsemés de quelques tubercules blanchâtres; d'un brun foncé.

Feuilles alternes, pétiolées, ouvertes, munies de stipules; ovales-oblongues, pointues, ayant quelquefois un des côtés de leur base plus prolongé que l'autre; garnies sur leurs bords de dents aiguës et piquantes; relevées d'une côte saillante d'où partent plusieurs nervures transversales; veineuses, coriaces, parsemées sur chaque surface de petits tubercules transparents; glabres et d'un vert foncé en dessus, d'un vert pâle en dessous et légèrement pubescentes sur les nervures; longues d'un décimètre, larges de quatre centimètres et demi.

Pétioles peu ouverts, convexes d'un côté, sillonnés de l'autre, pubescents, de la couleur des rameaux; extrêmement courts.

Stipules sur les côtés de la base du pétiole; droites, en lance, aiguës, pubescentes, plus courtes que les pétioles.

Fleurs axillaires, portées deux ou trois sur un tubercule; presque sessiles, incomplètes, munies de bractées; de la moitié de la grandeur de celles du *Samyda serrulata*, et de la même couleur.

Pédoncules extrêmement courts, droits, cylindriques, pubescents.

Bractées droites, ovales, aiguës, concaves, membraneuses, pubescentes en dehors, un peu plus longues que les pédoncules; tombant promptement.

Calice d'une seule pièce, tubulé, divisé à son limbe; strié, couvert en dehors de poils courts et serrés, glabre en dedans; épais, de couleur pourpre, subsistant. *Tube* cylindrique. *Limbe* à cinq divisions ouvertes, ovales, aiguës, de la longueur du tube.

Corolle nulle.

---

(1) Voyez le mémoire inséré parmi ceux de la Classe des Sciences Physiques et Mathématiques de l'Institut, année 1808, sur la famille des *Samydées*.

Étamines dix, monadelphes, insérées à la base du calice, plus courtes et de la même couleur. *Filets* réunis dans presque toute leur étendue en un cylindre qui adhère dans sa moitié inférieure au tube du calice, qui est libre dans sa partie supérieure, qui est tronqué à son limbe, et divisé en dix dents droites et comprimées. *Anthères* portées sur les dents du cylindre, droites, ovales, à deux loges.

Ovaire libre, ovale, pubescent, d'un vert blanchâtre. *Style* droit, cylindrique, glabre, de la couleur, et de la longueur des étamines. *Stigmate* épais, en tête.

Capsule globuleuse, pointue, de la grosseur d'une petite prune; entourée à sa base des débris de la fleur; creusée de quatre à cinq sillons; charnue, glabre, à une seule loge, s'ouvrant en quatre ou cinq valves, contenant un grand nombre de graines.

Graines presqu'entièrement recouvertes d'un arille membraneux, lacinié et entouré d'une pulpe glaireuse; d'abord adhérentes aux valves dont elles se détachent dans la maturité du fruit; ensuite agglutinées et formant une masse globuleuse au centre de la capsule; coniques, renflées et creusées à leur base; d'un brun foncé.

Embryon entouré d'un périsperme charnu. *Radicule* supérieure, cylindrique. *Lobes* arrondis, planes.

Obs. Le *Samyda spinulosa* paroît avoir quelques rapports avec les *Samyda serrulata*, *Linn.* et *Samyda glabrata*, *Sw.* Il diffère sur-tout du premier par ses feuilles coriaces et parfaitement glabres, par le nombre des étamines, et par ses fleurs moitié moins grandes. Il se distingue du second par ses feuilles dont les bords sont munis de dents aiguës et piquantes, par la couleur de ses fleurs, par son fruit d'une forme différente, et beaucoup plus gros.

Expl. des fig. 1, Fleur vue en dedans. 2, La même vue en dessous. 3, Pistil. 4, Calice ouvert pour montrer le nombre et la forme des étamines. 5, Graine vue du côté de son arille. 6, La même vue en dedans. 7, Graine dépourvue de son arille, et coupée transversalement. 8, La même coupée longitudinalement.

Dessiné par Turpin.　　Gravé par Sellier.

CASEARIA ilicifolia

CASEARIA *ILICIFOLIA.*

FAM. des SAMYDÉES. — DÉCANDRIE MONOGYNIE, *LINN.*

CASEARIA floribus hexandris; foliis ovatis, angulato-spinosis, coriaceis, subtùs tomentosis.

Arbrisseau touffu, entièrement dépouillé de feuilles à l'époque de sa floraison, découvert à Saint-Domingue, dans les environs de Mont-Christ, par M. Turpin. Ses fleurs se développent dans le courant de juin, et ses jeunes feuilles commencent alors à se dérouler.

TIGE droite, cylindrique, très-rameuse, couverte d'une écorce gercée, galleuse et de couleur cendrée; haute d'un mètre et demi, de la grosseur de l'index. *RAMEAUX* alternes, peu ouverts, de la forme de la tige; glabres, parsemés de tubercules blanchâtres; garnis d'un grand nombre de boutons. *JEUNES POUSSES* drapées.

BOUTONS à *FLEURS* et à *FEUILLES* axillaires, se développant dans le cours de l'été, formés d'écailles ovales, membraneuses, pubescentes : celles des boutons à fleurs, subsistantes; celles des boutons à feuilles, tombant promptement.

FEUILLES alternes, pétiolées, ouvertes, munies de stipules; ovales ou ovales-oblongues, souvent échancrées à leur base, sinuées dans leur contour et munies sur les angles de dents épineuses; relevées d'une côte saillante et rameuse; veinées, coriaces, parsemées de pores transparents, luisantes et d'un beau vert sur la surface supérieure, drapées et d'un blanc argenté sur l'inférieure; longues de sept centimètres, larges de quatre.

PÉTIOLES ouverts, cylindriques, hérissés de poils courts; longs de cinq millimètres.

STIPULES sur les côtés de la base du pétiole; presque droites, en alène, drapées, tombant promptement.

FLEURS naissant par petits bouquets entre les écailles subsistantes des boutons; quelques unes droites, et les autres pendantes; pédonculées, incomplètes, d'un rouge plus vif que celui de la rose, longues d'un centimètre.

PÉDONCULES presque tous réfléchis, écartés, filiformes, pubescents, de la couleur des fleurs, et plus longs.

CALICE d'une seule pièce, en cloche, divisé profondément, coloré, hérissé de poils courts; subsistant. *LIMBE* à cinq divisions peu ouvertes, oblongues, aiguës, finement striées.

COROLLE nulle.

ÉTAMINES six, monadelphes, insérées à la base du calice et plus courtes. *FILETS* au nombre de douze, alternativement fertiles et stériles, réunis à leur base en un godet qui adhère au tube du calice, distincts dans le reste de leur étendue, comprimés et amincis en pointe vers leur sommet; de la couleur des fleurs. *Anthères* droites, ovales, à deux loges, d'un jaune pâle.

Ovaire libre, en forme de poire renversée, pubescent dans sa partie supérieure; à une seule loge. *Style* droit, cylindrique, plus court que les étamines, subsistant. *Stigmate* renflé, en tête.

Capsule globuleuse, pointue, de la grosseur d'une cerise; entourée à sa base des débris de la fleur; creusée de trois sillons; coriace, glabre, d'un beau jaune, à une seule loge; s'ouvrant en trois valves; contenant un grand nombre de graines.

Graines presqu'entièrement recouvertes d'un arille glaireux; d'abord adhérentes aux valves dont elles se détachent dans la maturité du fruit, ensuite agglutinées et formant une masse globuleuse au centre de la capsule; ovales, obtuses, renflées et creusées à leur base; d'un brun clair.

Embryon entouré d'un périsperme charnu. *Radicule* supérieure, conique, très courte. *Lobes* ovales, planes.

Obs. J'ai trouvé dans l'herbier de M. de Jussieu, une espèce de *Casearia* qui présente dans son port, dans son inflorescence, dans la forme, la structure et la couleur de ses fleurs, les mêmes caractères que le *Casearia ilicifolia*. Cependant cette espèce paroît différer de celle que je viens de décrire, par ses feuilles qui sont arrondies, presque membraneuses, et glabres sur chaque surface. *Voy. Lett. C*, pl. 44. Si ces caractères peuvent suffire pour en former une espèce distincte, on pourra la désigner par le nom de *comocladifolia*, et la déterminer par la phrase suivante.

Casearia comocladifolia. Floribus hexandris; foliis subrotundis, angulato-spinosis, glaberrimis.

Expl. des fig. A, Rameau garni de fleurs, et de jeunes feuilles qui commencent à se dérouler. B, Rameau garni de feuilles adultes, et de fruits. 1, Une stipule. 2, Fleur un peu grossie. 3, La même très grossie dont le calice a été ouvert pour montrer la forme des organes sexuels, et celle des filets stériles (nectaires L.) placés entre ceux qui sont fertiles ou qui portent les anthères. 4, Coupe verticale de l'ovaire, pour montrer qu'il est uniloculaire. 5, Fruits. 6, Une capsule ouverte. 7, Une graine de grandeur naturelle. 8, La même grossie, et couverte en partie par son arille. 9, La même, dépouillée de son arille. 10, Coupe horisontale d'une graine pour montrer la situation de l'embryon. 11, Coupe verticale d'une graine pour montrer la forme de l'embryon.

45.

Dessiné par Poiteau. Gravé par Sellier

CASEARIA coriacea

CASEARIA *CORIACEA.*

FAM. des SAMYDÉES. — DÉCANDRIE MONOGYNIE, *LINN.*

CASEARIA floribus octandris; foliis obovatis, integerrimis, coriaceis, glabris; pedunculis axillaribus, unifloris.

Arbre de moyenne grandeur, d'un bois très dur; garni d'une cime touffue; croissant naturellement à Batavia, où il a été découvert par le Célèbre Naturaliste Riche, qui accompagnoit le Capitaine Dentrecasteaux, dans le voyage à la recherche de La Pérouse. Ses fleurs très petites s'épanouissent au commencement de l'été.

TRONC droit, de la grosseur d'un Poirier; extrêmement rameux, recouvert d'une écorce crevassée et de couleur brune. *BRANCHES* alternes, peu ouvertes, de la couleur du tronc. *RAMEAUX* axillaires, très rapprochés, presque droits, glabres, d'un brun clair, parsemés de tubercules blanchâtres.

FEUILLES alternes, pétiolées et se prolongeant sur le pétiole; presque droites, munies de stipules; ovales-renversées, souvent échancrées à leur sommet; très entières, relevées d'une côte saillante et rameuse; veinées, coriaces, glabres, luisantes, d'un vert foncé en dessus, d'un vert pâle en dessous; longues de six centimètres et demi, larges de vingt-cinq millimètres.

PÉTIOLES ayant la direction des feuilles; convexes d'un côté, sillonnés de l'autre; glabres, d'un brun foncé, extrêmement courts.

STIPULES droites, ovales, aiguës, concaves, membraneuses, glabres, tombant promptement; de la couleur du pétiole, et plus courtes.

PÉDICULES peu nombreux, axillaires, droits, cylindriques, glabres, à une fleur; de la couleur des pétioles, et deux fois plus longs.

FLEURS très petites, d'un blanc jaunâtre, entourées de bractées.

BRACTÉES ou écailles subsistantes des boutons droites, ovales-arrondies, concaves, membraneuses, glabres, extrêmement courtes.

CALICE d'une seule pièce, à cinq divisions profondes, ouvertes, ovales-arrondies, concaves, glabres.

COROLLE nulle.

ÉTAMINES huit, monadelphes, attachées à la base du calice, et plus courtes. *FILETS* au nombre de seize, alternativement fertiles et stériles, réunis en godet dans leur partie inférieure, distincts dans le reste de leur étendue; de la couleur du calice : filets à anthères comprimés, élargis vers leur base, amincis et en pointe à leur sommet, glabres : filets stériles très larges, comprimés, pubescens, ciliés à leur sommet, moitié plus courts que les filets fertiles. *ANTHÈRES* droites, ovales, à deux loges.

OVAIRE libre, ovale-arrondi, glabre, à une loge; contenant un grand nombre d'ovules. *STYLE* droit, cylindrique, plus court que les étamines. *STIGMATE* déprimé, orbiculaire.
FRUIT....

OBS. La plante que je viens de décrire, diffère sur-tout des espèces de *CASEARIA* qui ont huit étamines, et qui sont mentionnées dans la nouvelle édition du *SPECIES plantarum* de Linnæus, que publie M. Willdenow, par ses feuilles ovales-renversées, très entières, et coriaces.

Expl. des fig. 1, Fleur vue en dedans. 2, Une portion du tube staminifère. 3, Pistil. (Fig. grossies.)

Dessiné par Poiteau. Gravé par Sellier.

CASEARIA stipularis.

CASEARIA *STIPULARIS.*

FAM. des SAMYDÉES. — DÉCANDRIE MONOGYNIE, *LINN.*

CASEARIA floribus decandris; foliis oblongo-lanceolatis, acuminatis, serrulatis, subtùs tomentosis; pedunculis axillaribus, multifloris.

SAMYDA *arborea.* Act. Soc. Hist. Nat. Paris. fol. 1792.

Arbre de moyenne grandeur, remarquable par ses longues stipules, et par ses fleurs disposées en petits bouquets au sommet de pédoncules axillaires et solitaires. Il croît naturellement à la Guiane, où il a été découvert par M. Le Blond, et à Porto-Ricco, où il a été trouvé par les Naturalistes embarqués dans la première expédition du Capitaine Baudin.

TRONC droit, divisé en un grand nombre de rameaux, couvert d'une écorce gercée et de couleur cendrée. *BRANCHES* alternes, peu ouvertes, de la couleur du tronc. *RAMEAUX* axillaires, très rapprochés, presque droits, cylindriques, garnis d'un grand nombre de feuilles; d'un brun foncé et parsemés de petits tubercules blanchâtres dans leur partie inférieure; hérissés de poils courts dans la supérieure, et de couleur cendrée.

FEUILLES alternes, pétiolées, ouvertes, munies de stipules; oblongues et en lance, surmontées d'une longue pointe qui est obtuse à son sommet; finement dentées en scie, relevées d'une côte saillante et rameuse; veinées, fermes et un peu coriaces, parsemées de pores transparents; glabres et d'un vert foncé sur leur surface supérieure, couvertes sur l'inférieure d'un duvet épais, court, serré et de couleur cendrée; longues de sept centimètres, larges de deux et demi.

PÉTIOLES ayant la direction des feuilles; cylindriques, hérissés de poils courts; de couleur cendrée, très courts et à peine longs de cinq millimètres.

STIPULES sur les côtés de la base intérieure du pétiole, et quatre fois plus longues; réfléchies, en lance, pointues, de la couleur de la surface inférieure des feuilles.

PÉDONCULES axillaires, solitaires, droits, cylindriques, à plusieurs fleurs; de la couleur des pétioles et deux fois plus longs.

FLEURS au nombre de six ou de douze, disposées en petits bouquets au sommet des pédoncules; pédiculées, munies de bractées; de couleur purpurine, de la grandeur de celles du *CASEARIA parvifolia IV.*

PÉDICULES de la forme, de la couleur, et de la longueur du pédoncule commun.

BRACTÉES ou ÉCAILLES subsistantes des BOUTONS droites; ovales, aiguës, concaves, membraneuses, pubescentes en dehors, plus courtes que les pédicules, et situées à leur base.

CALICE d'une seule pièce, en cloche, divisé profondément, parsemé en dehors de poils courts, glabre en dedans. Divisions cinq, peu ouvertes, ovales, obtuses, se recouvrant par leurs bords.

Corolle nulle.

Étamines dix, monadelphes, insérées à la base du calice et plus courtes. *Filets* au nombre de vingt, alternativement fertiles et stériles, réunis en godet dans leur partie inférieure, distincts dans le reste de leur étendue; de la couleur du calice : filets stériles obtus, ciliés, plus larges et plus courts que ceux qui portent les anthères. *Anthères* droites, arrondies, à deux loges; surmontées de quelques poils courts et peu apparents.

Ovaire libre, ovale, pubescent dans sa partie supérieure; à une loge, contenant un grand nombre d'ovules. *Style* droit, cylindrique, pubescent, de la couleur des étamines et plus longs. *Stigmate* renflé, en tête, paroissant pubescent, lorsqu'on l'observe avec la loupe.

Fruit.....

Obs. 1.° La plante que je viens de décrire paroît avoir quelques rapports avec les *Casearia parviflora W.*, *sylvestris Sw.*, et *ulmifolia Vahl* (mss.), mais elle diffère de ces trois espèces par ses feuilles couvertes sur leur surface inférieure d'un duvet épais, serré et fort court; par ses stipules très longues; et par ses fleurs portées sur un pédoncule commun.

2.° Les *Casearia sylvestris Sw* (1), *parviflora W*, et *ulmifolia Vahl*, ont entre eux une grande affinité. Ces espèces peuvent néanmoins être distinguées très aisément, même sur le sec, par plusieurs caractères, et sur-tout par celui que fournissent les bords des feuilles, qui sont entiers dans le *Casearia sylvestris*, crénelés dans le *Casearia parviflora*, et finement dentés en scie dans le *Casearia ulmifolia*.

Expl. des fig. 1, Pédoncule commun duquel on a retranché plusieurs fleurs. 2, Une fleur séparée. 3, Calice ouvert pour montrer le nombre, la forme, et la disposition des organes sexuels. 4, Une partie du godet que forment les étamines par leur réunion, pour montrer la différence des filets fertiles et des filets stériles. 5, Ovaire. 6, Le même coupé longitudinalement pour montrer qu'il est uniloculaire. (Figures très grossies.)

---

(1) Je soupçonne que cette espèce est celle dont M. Vahl avoit envoyé des exemplaires à quelques Botanistes de Paris, sous le nom de *Casearia integrifolia*.

67

Dessiné par Turpin. Gravé par Sellier

CASEARIA tinifolia

CASEARIA TINIFOLIA.

FAM. des SAMYDÉES. — DÉCANDRIE MONOGYNIE, *LINN.*

CASEARIA floribus dodecandris; foliis obovatis, glabris, integerrimis; pedunculis axillaribus, solitariis, unifloris.

Arbrisseau d'un bel aspect; remarquable par la forme de ses feuilles, et par la longueur de ses pédoncules. Il est originaire des Indes Orientales, et il a été découvert à Java par M. Lahaye. Ses fleurs s'épanouissent vers la fin de l'été.

TIGE droite, cylindrique, rameuse, couverte d'une écorce gercée et de couleur cendrée; haute de deux mètres, de la grosseur du pouce. *RAMEAUX* axillaires, alternes, très ouverts, de la forme et de la couleur de la tige; glabres, parsemés de tubercules blanchâtres.

FEUILLES alternes, pétiolées et se prolongeant sur le pétiole; horizontales, munies de stipules; ovales-renversées, quelquefois échancrées à leur sommet, trèsentières, relevées d'une côte saillante et rameuse; veinées, glabres, parsemées de pores transparents; d'un vert gai en dessus, d'un vert pâle en dessous; longues de sept centimètres, larges de cinq.

PÉTIOLES horizontaux, convexes d'un côté, sillonnés de l'autre, glabres, longs d'un centimètre.

STIPULES sur les côtés de la base du pétiole, et beaucoup plus courtes; droites, ovales, aiguës, glabres, membraneuses, tombant promptement.

PÉDONCULES axillaires, solitaires, droits, cylindriques, glabres, à une fleur, trois fois plus longs que les pétioles.

FLEURS droites, incomplètes, de la couleur de celles du *SAMYDA serrulata*, et moitié plus courtes.

CALICE d'une seule pièce, divisé profondément, hérissé en dehors de poils courts et serrés, glabre en dedans. *DIVISIONS* cinq, très ouvertes, ovales, aiguës, concaves, finement striées.

COROLLE nulle.

ÉTAMINES douze, monadelphes, insérées à la base du calice et plus courtes. *FILETS* au nombre de vingt-quatre, alternativement fertiles et stériles, réunis en anneau dans leur partie inférieure, distincts dans le reste de leur étendue, comprimés et amincis en pointe vers leur sommet, pubescents, de la couleur de la fleur; ceux qui portent les anthères un peu plus longs que ceux qui en sont dépourvus. *ANTHÈRES* droites, ovales, à deux loges, d'un jaune pâle.

OVAIRE libre, ovale, glabre, à une seule loge, contenant un grand nombre d'ovules.

Style droit, cylindrique, de la longueur et de la couleur des étamines. *Stigmate* renflé, en tête.

Fruit. . . .

Obs. 1.° Le *Casearia tinifolia* se distingue de toutes les espèces connues du genre, par la forme de ses feuilles, par ses pédoncules solitaires, uniflores, plus longs que les pétioles, et par le nombre de ses étamines.

2.° Outre les espèces de *Casearia* que je viens de publier, j'en possède encore deux qui sont inédites, et qu'il me paroît utile de faire connoître.

Casearia fragilis. Floribus decandris; foliis ovato-lanceolatis, crassiusculis, glabris, integerrimis; pedunculis axillaribus, unifloris.

Clasta fragilis. *Commers.* ex Herb. D. de Jussieu.

Tsjerou-Kanneli. Hort. Malab. vol. 5, pl. 50?

Arbre de moyenne grandeur, originaire des Indes Orientales et de l'Ile de la Réunion. — Rameaux presque droits, cylindriques. — Feuilles alternes, pétiolées, munies de stipules; luisantes, longues de sept centimètres, larges de 4. — Fleurs blanchâtres, de la grandeur de celles du *Casearia ramiflora*. — Calice à cinq divisions profondes. — Etamines réunies en anneau à leur base; dix filets stériles alternes avec ceux qui portent les anthères, velus et plus courts. — Capsule charnue, pyriforme, creusée de trois sillons.

J'ai cité avec doute le *Tsjerou-Kanneli*, parceque dans la figure, ainsi que dans la description de cette plante, les organes de la fleur ont une sixième partie de plus que dans l'espèce récoltée à l'Ile de la Réunion, par Commerson.

Casearia Grewiæfolia, floribus decandris; foliis cordato-oblongis, serrulatis, subtùs tomentosis; pedunculis axillaribus, unifloris.

Arbrisseau dont le port ressemble à celui d'un *Grewia;* découvert à Java par M. La Haye. — Rameaux cylindriques, drapés, de couleur cendrée. — Feuilles longues d'un décimètre, larges de quatre centimètres et demi, portées sur un pétiole très-court, munies de stipules; glabres et d'un vert foncé en dessus, drapées et de couleur cendrée en dessous. — Fleurs petites, de la couleur de celles du *Samyda serrulata,* munies entre chaque paire d'étamines, d'une écaille velue et très courte. — Capsule ovale-oblongue, charnue, entourée des débris de la fleur; drapée, de couleur cendrée, creusée de trois sillons.

Le *Casearia Grewiæfolia* se rapproche de l'*Anavinga lanceolata*, *Lam.* ou *Casearia elliptica, Willd.* par son inflorescence, par la couleur et la structure de ses fleurs; mais il s'en éloigne par ses feuilles dont la forme est tout-à-fait différente.

Expl. des fig. 1, Calice ouvert pour montrer le point d'attache des étamines réunies en anneau à leur base, et le nombre des filets alternativement fertiles et stériles. 2, Pistil. 3, Le même, dont l'ovaire a été coupé longitudinalement, pour montrer qu'il est uniloculaire, et qu'il contient un grand nombre d'ovules.

Dessiné par Poiteau — Gravé par Sellier

TURRÆA rigida.

TURRÆA RIGIDA.

FAM. des AZEDARACHS, JUSS. — DÉCANDRIE MONOGYNIE, *LINN.*

TURRÆA ramis strictis; foliis ellipticis, acuminatis, margine revolutis, rigidis, lucidis; calicibus petalisque glabriusculis.

Arbre de moyenne grandeur, s'élevant en forme de pyramide; découvert à l'Ile de France par le célèbre naturaliste Riche. Son bois extrêmement dur pourroit être employé avec succès dans les constructions, et pour tous les ouvrages de charpente. Ses fleurs s'épanouissent dans le cours de l'été.

TRONC très droit, de la grosseur du Bouleau, recouvert d'une écorce brune et crevassée. *BRANCHES* alternes, rapprochées et presque serrées contre le tronc; cylindriques, divisées en un grand nombre de rameaux. *RAMEAUX* ayant la direction et la forme des branches; très glabres, feuillés dans toute leur étendue.

FEUILLES alternes, peu ouvertes, pétiolées, dépourvues de stipules; elliptiques, pointues, très entières, à bords roulés en dessous; relevées d'une côte saillante d'où partent plusieurs nervures latérales peu prolongées et courbées en arc vers leur sommet; veinées en réseau, coriaces, roides, luisantes, très glabres, parsemées de quelques poils sur leur côte moyenne; d'un vert foncé, longues de neuf centimètres, larges de trente-cinq millimètres.

PÉTIOLES ayant la direction des feuilles; sillonnés et glabres en dessus, convexes et pubescents en dessous; d'un brun foncé, extrêmement courts.

FLEURS naissant par petits bouquets dans les aisselles des feuilles; pédiculées, entourées à la base de leurs pédicules de quelques écailles subsistantes des boutons; d'un blanc lavé de rose; parsemées de poils droits et couchés, ou soyeuses avant leur développement; presque glabres lorsqu'elles sont épanouies; longues de seize millimètres.

PÉDICULES à une fleur, insérés sur un tubercule saillant; cylindriques, renflés vers leur sommet; d'abord droits et pubescents, ensuite réfléchis et glabres après la fécondation; d'un brun foncé, de la moitié de la largeur des fleurs.

CALICE très petit, d'une seule pièce, de la couleur du pédicule; parsemé de quelques poils qui tombent à mesure que la fleur s'épanouit; divisé en cinq découpures droites, ovales et aiguës; subsistant.

PÉTALES cinq, hypogynes, en forme de languette, peu ouverts, recourbés à leur sommet, six fois plus longs que le calice.

TUBE STAMINIFÈRE ayant la même attache que la corolle, et de la même couleur; cylindrique, évasé à son orifice, divisé à son limbe; presque glabre en dehors, pubescent à l'intérieur; plus court que les pétales.

Étamines dix, insérées sur le limbe du tube. *Filets* droits, comprimés, pubescents intérieurement; de la couleur du tube, et du quart de sa longueur. *Anthères* droites, ovales, parsemées de quelques poils; à deux loges, de la couleur des filets.

Ovaire libre, globuleux, glabre. *Style* cylindrique, légèrement courbé vers son sommet, un peu plus long que le tube staminifère, et de la même couleur. *Stigmate* renflé, presque en forme de massue.

Capsule entourée à sa base par le calice; arrondie, légèrement déprimée, ombiliquée à son sommet, creusée de cinq sillons, coriace, glabre, d'un brun foncé; divisée en cinq loges, s'ouvrant en cinq valves, et contenant cinq coques. *Cloisons* adhérentes au milieu des valves.

Coques ovales, cartilagineuses, bifides intérieurement, renfermant chacune (d'après le manuscrit de Riche) deux graines anguleuses.

Obs. Le *Turræa* établi par Linnæus dans le *Mantissa plantarum*, p. 237, se distingue aisément de tous les autres genres que comprend la famille des Azédarachs, par ses pétales alongés et en languette, et par son fruit qui est une capsule à cinq coques. La première espèce connue de ce genre, *Turræa virens*, avoit été récoltée dans les Indes Orientales par le célèbre naturaliste Konig. Mrs Smith, Cavanilles, et Hellenius ont enrichi depuis le *Turræa* de quatre espèces nouvelles. Celle que je viens de décrire diffère essentiellement des cinq espèces déjà publiées, par ses rameaux qui, rapprochés et serrés contre le tronc, présentent par leur ensemble une forme pyramidale; par ses feuilles elliptiques, coriaces et roides; par ses fleurs plus petites; et par ses anthères velues, obtuses ou dont le sommet n'est pas terminé en pointe.

Expl. des fig. 1, Fleur. 2, Un pétale. 3, Calice, et Tube Staminifère. 4, Calice, et Pistil. 5, Portion du tube staminifère vue en dehors. 6, La même vue en dedans. 7. Fruit. 8, Le même coupé transversalement. 9, Le même ouvert, pour montrer les cloisons adhérentes au milieu des valves, et les cinq coques. 10, Une coque vue en dedans, vide et dépourvue de graines.

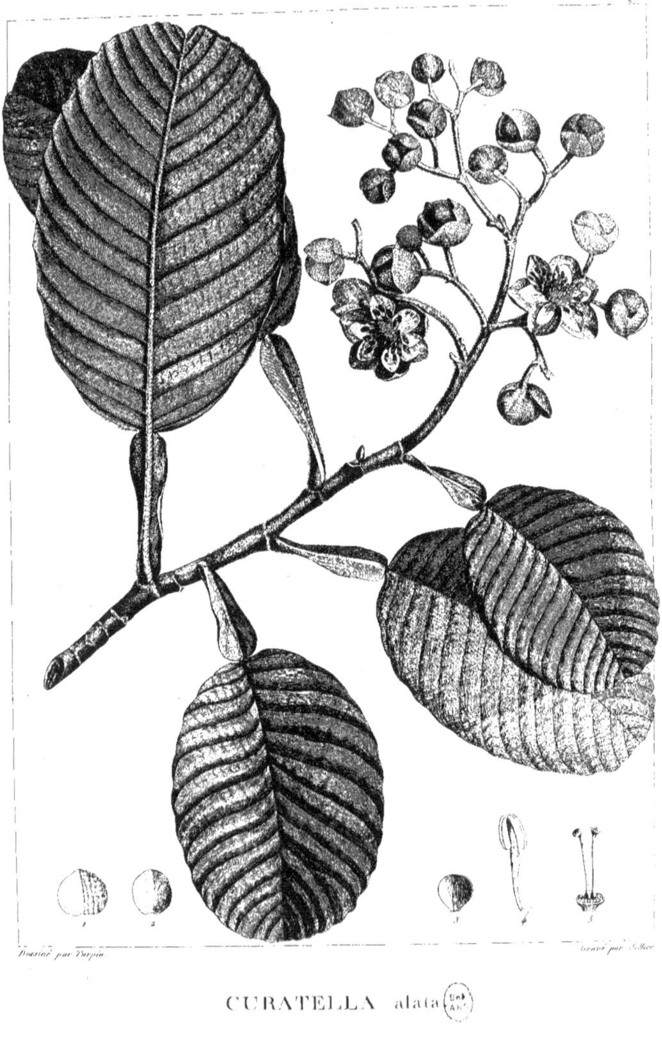

Dessiné par Turpin. Gravé par Sellier

CURATELLA alata

CURATELLA.

FAM. des MAGNOLIERS, §. II, *Juss.* — POLYANDRIE DIGYNIE, *LINN.*

CHARACTER EMENDATUS. *CALIX* 4-5-partitus, persistens; laciniis subrotundis, coriaceis, 3 extimis majoribus. *PETALA* 4-5, hypogyna, sessilia. *STAMINA* numerosa, receptaculo hypogyno inserta; filamentis apice dilatatis, utrinquè antheriferis; antheris adnatis, didymis. *OVARIA* 2; styli et stigmata capitata totidem. *CAPSULÆ* 2, minimæ, 1-loculares, 2-spermæ, tardiùs 2-valves. (Ignota *Corculi* structura.) — *Arbusculæ. Folia alterna, magna, asperrima, plicata, sinuato-denticulata, exstipulacea; petiolis basi dilatatis, et in exortu foliorum, ramulos partim vel omninò amplexantibus. Flores paniculati, axillares, aut terminales, bracteati.*

CURATELLA *ALATA.*

CURATELLA foliis petiolatis, oblongo-ovatis; petiolorum alis à folio distinctis; paniculâ terminali.

Arbre de moyenne grandeur, dont la cime est arrondie et garnie d'un superbe feuillage. Il croît naturellement à la Guiane, où il a été découvert par M. Martin, qui en a rapporté un grand nombre d'exemplaires dans le dernier voyage qu'il a fait en France.

TIGE droite, cylindrique, très rameuse, recouverte d'une écorce brune qui se détache par lambeaux; de la grosseur et de la hauteur de celle d'un Poirier. *BRANCHES* alternes, rapprochées, peu ouvertes, de la forme et de la couleur de la tige. *RAMEAUX* axillaires, presque droits, hérissés de poils roides; rudes au toucher, marqués d'impressions circulaires.

FEUILLES alternes, rapprochées, très ouvertes, pétiolées, oblongues et ovales, arrondies à leur base et à leur sommet, sinuées sur leurs bords, plissées sur leur disque; relevées en dessous d'une côte saillante d'où partent plusieurs nervures latérales qui se prolongent jusqu'aux bords de la feuille; creusées en dessus d'un pareil nombre de sillons; veineuses, coriaces, rudes au toucher, glabres et d'un vert foncé sur leur surface supérieure, pubescentes et roussâtres sur l'inférieure; longues de quatorze centimètres, larges de neuf.

PÉTIOLES munis sur chaque côté, comme dans le *CITRUS Aurantium*, d'une aile coriace qui est distincte de la feuille, ou qui n'en est pas un prolongement; embrassant d'abord à leur base le rameau qui les porte, et sur lequel ils laissent ensuite une impression circulaire; hérissés en dessous de poils roides; glabres en dessus; longs de cinq centimètres.

PANICULE au sommet des rameaux; étalée, lâche ou peu garnie de fleurs; de la longueur des feuilles. *AXE* de la *PANICULE* cylindrique, courbé, hérissé de poils roides; d'un brun foncé. *DIVISIONS* de la *PANICULE* alternes, très ouvertes, munies à leur base d'une bractée; de la forme et de la couleur de l'axe.

FLEURS penchées, pédiculées, munies de bractées; blanchâtres; de la grandeur de celles du Poirier commun.

PÉDICULES ouverts, cylindriques, articulés au-dessous du calice; de la forme et de la couleur des rameaux de la panicule; longs de douze millimètres.

BRACTÉES à la base des divisions et des sous-divisions de la panicule; solitaires, droites, ovales, aiguës, coriaces, velues en dehors, très courtes.

CALICE à cinq divisions profondes, arrondies, concaves, coriaces, se recouvrant par leurs bords; disposées sur deux rangs : savoir, trois extérieures plus grandes, parsemées en dehors de quelques poils courts; et deux intérieures plus petites, soyeuses et d'un jaune roussâtre sur leur surface extérieure.

PÉTALES cinq, insérés sous l'ovaire; ovales-renversés, coriaces, glabres, de la longueur des divisions du calice.

ÉTAMINES nombreuses, attachées au réceptacle du pistil, disposées sur plusieurs rangées; plus courtes que la corolle. *FILETS* montants, filiformes, dilatés à leur sommet; tortueux, glabres. *ANTHÈRES* didymes, linéaires, adhérentes dans toute leur étendue à la partie du filet qui est dilatée.

OVAIRES deux, portés sur un réceptacle hypogyne et semiorbiculaire; ovales, glabres. *STYLES* deux, droits, filiformes, de la longueur des étamines. *STIGMATES* simples, pavoisés.

FRUIT......

OBS. 1.° Il eût été fort intéressant de faire connoître la structure du fruit et des graines du *CURATELLA alata*; mais tous les échantillons rapportés par M. Martin, ne m'ont présenté que des fleurs peu développées.

2.° L'extrême difficulté de rapporter l'espèce que je viens de décrire, à son propre et véritable genre, m'a obligé d'examiner avec la plus grande attention le caractère générique du *CURATELLA americana*. J'ai observé un échantillon de cette espèce dans l'herbier de M. De Jussieu, et j'ai reconnu 1°, que la corolle et que les étamines étoient réellement hypogynes; 2°, que les filets des étamines élargis à leur sommet, portoient des anthères didymes et adnées; 3°, que les styles n'étoient point latéraux; et que les stigmates étoient en tête. Ces caractères sur lesquels il existoit encore des doutes (1), ayant été vérifiés, de même que les autres caractères généraux, dans la plante que je publie, j'ai cru devoir rapporter cette espèce plutôt au genre *CURATELLA*, qu'à celui du TETRACERA (2) dont elle se rapproche beaucoup, par son port, mais dont elle diffère essentiellement par sa corolle, et par ses étamines qui ne sont point périgynes. (3)

3.° Le *CURATELLA americana* peut être distingué par la phrase suivante.

CURATELLA foliis subsessilibus, oblongo-ovatis, in petiolum decurrentibus; paniculis axillaribus.

Expl. des fig. 1, Une des divisions extérieures du calice. 2, Une des divisions intérieures. 3, Un pétale. 4, Une étamine grossie. 5, Pistil.

---

(1) Voy. Juss. *Gen. Plant.* pag. 282 et 339.

(2) Le genre TETRACERA établi dans l'*Hortus Cliffortianus*, pag. 214, ne comprenoit qu'une seule espèce nommée dans le *Species Plantarum* de 1762, TETRACERA *volubilis*. Reichard et Murray dans les éditions qu'ils ont données, l'un du *Species Plantarum*, et l'autre du *Systema Vegetabilium*, n'ont ajouté aucune nouvelle espèce à ce genre. Les Botanistes modernes l'ont beaucoup augmenté, en lui réunissant les plantes rapportées aux genres EURYANDRA *Forst.*, DOLIOCARPUS *Roland.* DELIMA *Linn.*, TIGAREA, SORAMIA, et CALINEA Aubl. Cette réunion qui fait disparoître le caractère essentiel du TETRACERA ne paroît pas devoir être généralement admise. En effet les TETRACERA *obovata*, *Calinea*, etc., ont évidemment la corolle hypogyne.

(3) *Diversos inter caracteres manifesta datur disparilitas et multiplex æstimatio. Alii si quidem dantur primarii semper uniformes, seu essentiales ex organis essentialibus deprompti, ut insertio staminum etc.* — M. De Jussieu a attaché une si grande importance au caractère fourni par l'attache de la corolle et des étamines, qu'il n'a point hésité à employer ce caractère dans la détermination des classes de sa méthode. Il semble néanmoins que dans quelques circonstances, l'insertion de la corolle fournit un caractère de moindre valeur, que la structure de la graine. Ainsi en supposant que les graines des DILLENIA et CURATELLA, dont la structure n'est pas encore connue, soient entourées à leur base d'un arille denté, et que leur embryon soit pourvu d'un périsperme, comme dans le TETRACERA, ne pourroit-on pas rapprocher ce dernier genre des DILLENIA et CURATELLA, en établissant une nouvelle famille, qui seroit voisine de celle des Magnoliers, et qui comprendroit des plantes évidemment analogues soit dans leur port, soit dans le plus grand nombre de leurs caractères?

Dessiné par Poiteau. Gravé par Sellier

BANISTERIA tiliæfolia

BANISTERIA *TILIÆFOLIA.*

FAM. des MALPIGHIES, *JUSS.* — DÉCANDRIE TRIGYNIE, *LINN.*

BANISTERIA foliis orbiculatis, acuminatis, subtùs tomentosis; petiolis biglandulosis; umbellis axillaribus, pedunculatis, compositis; petalis subsessilibus.

Arbrisseau d'un bel aspect; originaire de l'Isle de Java, où il a été découvert par M. Lahaie; fleurissant au milieu de l'été.

TIGE montante, presque droite, cylindrique, rameuse, feuillée, glabre, couverte d'une écorce mince et de couleur brune; haute de trois mètres, de la grosseur de l'index. *RAMEAUX* axillaires, peu ouverts; renflés et articulés à leur base, glabres dans leur partie inférieure, drapés et de couleur cendrée dans la supérieure.

FEUILLES opposées, droites, présentant un de leurs bords dans la direction de la tige ou des rameaux; pétiolées, munies de stipules; orbiculaires, pointues; très entières; relevées d'une côte saillante et très rameuse; paroissant veinées, lorsqu'on les observe avec la loupe; drapées et de couleur cendrée sur la surface inférieure, glabres et d'un vert foncé sur la supérieure; longues et larges d'un décimètre.

PÉTIOLES droits, renflés et articulés à leur base, munis à leur sommet de deux glandes noirâtres; convexes d'un côté, sillonnés de l'autre, drapés, de couleur cendrée; longs de six centimètres.

STIPULES très petites et peu apparentes, situées sur un des côtés de la base du pétiole; en lance et aiguës; membraneuses, de la couleur des feuilles.

PÉDONCULES axillaires, opposés, solitaires, droits, cylindriques, multiflores, munis à leur sommet de deux glandes noirâtres; de la couleur et de la longueur des pétioles.

FLEURS de la grandeur de celles du *MALPIGHIA urens*, de couleur pourpre; disposées en une ombelle composée, irrégulière, très étroite et munie d'une collerette. *RAYONS* de l'*OMBELLE GÉNÉRALE* inégaux, de la forme et de la couleur du pédoncule, munis à leur base d'une bractée : les uns simples, uniflores, articulés et pourvus de deux bractées opposées dans leur partie moyenne; les autres rameux, à plusieurs fleurs; formant des ombellules. *RAYONS* des *OMBELLULES* ou *OMBELLES PARTIELLES* conformes aux rayons simples de l'ombelle générale, et beaucoup plus courts.

COLLERETTES de l'*OMBELLE GÉNÉRALE* et des *OMBELLES PARTIELLES* formées de deux folioles horizontales, en lance, aiguës, drapées, de couleur cendrée.

BRACTÉES très petites et en forme d'écailles; droites, ovales, aiguës, membraneuses, pubescentes en dehors, glabres en dedans.

Calice très petit, d'une seule pièce, à cinq divisions profondes, droites, ovales, obtuses, membraneuses, veinées, pubescentes en dehors, glabres en dedans, munies extérieurement à leur base de glandes peu apparentes.

Pétales cinq, hypogynes, très ouverts, ovales, obtus, concaves, rétrécis à leur base en un onglet court, ou presque sessiles; légèrement crénelés sur leurs bords; membraneux, glabres, trois fois plus longs que les divisions du calice.

Étamines au nombre de dix, ayant la même attache que la corolle, et plus courtes. *Filets* droits, en alène, glabres, monadelphes et réunis en anneau à leur base. *Anthères* droites, ovales, aiguës, à deux loges, d'un pourpre foncé.

Ovaires trois, adhérents à leur base, très velus. *Styles* trois, filiformes, glabres, plus courts que les étamines ; subsistants. *Stigmates* simples, dilatés.

Samares trois, entourées par le calice subsistant, et adhérentes à un placenta trigone; coriaces, ovales-arrondies, comprimées, monospermes; munies à leur sommet d'une aile très longue, épaisse sur le bord externe, amincie et comme tranchante sur le bord interne, membraneuse, veinée, de couleur fauve, paroissant soyeuse lorsqu'on l'observe avec la loupe.

Obs. 1.° Les vingt-quatre espèces du Genre *Banisteria* décrites par M. Willdenow dans la dernière édition du *Species Plantarum*, sont toutes originaires de l'Amérique. Celle que je publie est la première qui ait été découverte dans les Indes Orientales.

2.° Le duvet qui recouvre la base du calice des fleurs du *Banisteria tiliæfolia*, empêche de voir distinctement le nombre des glandes dont cet organe doit être pourvu.

3.° Le *Banisteria tiliæfolia* a une grande affinité avec les *Banisteria fulgens* Linn., et *heterophylla* Willd. Il se distingue néanmoins de ces deux espèces par plusieurs caractères, surtout par sa tige qui n'est point voluble ou grimpante, par la forme de ses feuilles, par ses fleurs disposées en une ombelle composée, et par ses pétales presque sessiles ou munis d'un onglet extrêmement court.

Expl. des fig. 1, Fleur entière, un peu grossie. 2, Un pétale. 3, Calice vu en dehors. 4, Calice, et Étamines entre lesquelles on voit les trois ovaires qui sont très velus.

31

Dessiné par Poiteau

Gravé par Bois

BANISTERIA parvifolia

BANISTERIA *PARVIFOLIA.*

FAM. des MALPIGHIES, *JUSS* — DÉCANDRIE TRIGYNIE, *LINN.*

BANISTERIA foliis subrotundis, semiunguicularibus, rigidis, pubescentibus; corymbis paucifloris, terminalibus.

Arbrisseau d'un bel aspect, remarquable par la petitesse de ses feuilles; croissant naturellement dans l'Isle de St. Thomas, où il a été découvert par Riedlé.

TIGE grimpante, cylindrique, très rameuse, nue, parsemée de tubercules arrondis; noueuse, glabre, de couleur brune; haute de deux mètres, de la grosseur d'une plume de corbeau. *BRANCHES* naissant dans les nœuds de la tige, ayant la même direction, la même forme, et la même couleur. *RAMEAUX* articulés, opposés, ouverts, pubescents, très courts.

FEUILLES opposées, horizontales, pétiolées, arrondies, très entières, relevées d'une côte qui paroît rameuse, lorsqu'on l'observe avec la loupe; parsemées de poils couchés; un peu épaisses, roides, d'un vert foncé en dessus, d'un vert très pâle en dessous; à peine de la grandeur de celle de l'Origan d'Égypte.

PÉTIOLES très ouverts, articulés, convexes d'un côté, sillonnés de l'autre, pubescents, de la couleur des rameaux, de la moitié de la longueur des feuilles.

FLEURS au sommet des rameaux; peu nombreuses, pédiculées, disposées en bouquet ou en corymbe qui s'alonge pendant la fructification, comme dans les Crucifères; munies de bractées; jaunâtres, de la grandeur de celles du *MALPIGHIA aquifolia.*

PÉDICULES presque droits, cylindriques, pubescents, articulés dans leur partie moyenne; de la couleur des pétioles, de la longueur des fleurs.

BRACTÉES à la base des pédicules, et sur leur partie moyenne; droites, ovales, aiguës, parsemées de poils roussâtres; extrêmement courtes.

CALICE très petit, à cinq divisions profondes, droites, ovales, aiguës, pubescentes, munies, à l'exception d'une seule, de deux glandes noirâtres.

PÉTALES cinq, hypogynes, très ouverts, presqu'en forme de lance; obtus à leur sommet, rétrécis en un onglet linéaire à leur base, frangés sur leurs bords; glabres, alternes avec les divisions du calice, et trois fois plus longs.

ÉTAMINES dix, ayant la même attache que la corolle, et plus courtes. *FILETS* droits, en alène, monadelphes à leur base. *ANTHÈRES* droites, ovales, à deux loges.

OVAIRES trois, adhérents à leur base, très velus. *STYLES* trois, ouverts et écartés vers leur sommet; filiformes, plus longs que les étamines. *STIGMATES* simples.

SAMARES trois, entourées par le calice subsistant, et adhérentes à un placenta trigone;

coriaces, ovales, comprimées, pubescentes, munies d'une ou de deux pointes vers leur base intérieure, terminées par une aile deux fois plus longue, membraneuse et veinée.

GRAINES solitaires, ovales, aignës.

Obs. 1.° Le *BANISTERIA parvifolia* se distingue du *BANISTERIA microphylla* JACQ., par ses feuilles arrondies et plus petites, ainsi que par son inflorescence. Il est probable que ces deux espèces fourniroient d'autres différences spécifiques, s'il étoit possible de comparer leurs fleurs et leurs fruits qui ne sont pas encore décrits dans le *BANISTERIA microphylla*.

2.° J'ai trouvé dans une collection de plantes, qui m'a été donnée, il y a plusieurs années, par M. Dutrône La Couture, auteur du Précis sur la Canne, etc., une espèce de *BANISTERIA* remarquable par la forme de son fruit. Voulant m'assurer si cette espèce étoit inédite, j'ai consulté le riche herbier de M. de Jussieu, qui a été d'une si grande ressource à Cavanilles, dans le temps que ce Zélé Botaniste publioit sa Monographie des Plantes Monadelphes. J'ai reconnu que ma plante étoit la même que le *BANISTERIA ovata*. La description et la figure de cette belle espèce étant très incomplettes, j'ai pensé qu'il seroit utile à la science de suppléer aux omissions du Savant Botaniste Espagnol.

Le *BANISTERIA ovata* qui seroit mieux désigné par le nom de *micropteris*, est une plante vivace, croissant naturellement sur les bords de la mer. Elle pousse un grand nombre de tiges cylindriques : les unes droites, hautes de quatre à cinq décimètres : les autres volubles, s'entortillant autour des plantes voisines; longues d'un mètre et demi. Ses fleurs de couleur jaune se développent successivement pendant toutes les saisons de l'année. Ses fruits formés ordinairement de trois samares, et quelquefois de deux, sont hémisphériques, charnus, planes en dedans, légèrement concaves en dehors, et surmontés d'une aile membraneuse peu saillante. Ce dernier caractère paroît devoir être exprimé dans la phrase spécifique de cette plante.

BANISTERIA ovata. Foliis ovato-lanceolatis, pubescentibus; petiolis biglandulosis; umbellis terminalibus; fructibus hemisphericis, alâ brevissimâ instructis. (*Voy.* pl. 51, lett. A.)

Expl. des fig. 1, Fleur vue en dedans. 2, Calice vu en dehors. 3, Fleur dont le calice et la corolle ont été retranchés. 4, Pistil entouré de la base des étamines. (Figures grossies.)

Dessiné par Poiteau. Gravé par Sellier.

BEJARIA resinosa

BEJARIA *RESINOSA.*

BEJARIA foliis ovatis; floribus congestis. *Linn. Supplem.* 246.
Acunna lanceolata. *Syst. Vegetabil. Flor. Peruv.* 123.

Arbrisseau d'un superbe aspect; remarquable par la beauté de son feuillage, par la grandeur et par l'éclat de ses fleurs. Il croît naturellement dans la Nouvelle Grenade. L'exemplaire que j'ai fait figurer, m'a été envoyé de Santa-Fé de Bogota, par M. Umana, Savant Naturaliste Espagnol.

Tige droite, cylindrique, très rameuse, formée d'un bois dur, et d'une écorce gercée et d'un brun foncé; haute de quatre mètres, de la grosseur du bras. *Branches* alternes, très rapprochées, peu ouvertes, de la forme et de la couleur de la tige. *Rameaux* prolifères ou naissant au sommet des branches; presque droits, légèrement sillonnés, couverts de feuilles, pubescents, visqueux, de la couleur de la tige.

Feuilles éparses ou alternes et très rapprochées; droites, pétiolées, ovales, très entières, à bords réfléchis, aigues, glabres, relevées en dessous d'une côte saillante, creusées en dessus d'un léger sillon; d'un vert foncé et luisantes sur la surface supérieure, d'un blanc mat sur l'inférieure; d'une saveur amère; subsistantes pendant l'hiver; longues de deux centimètres, larges de dix millimètres.

Pétioles extrêmement courts, se prolongeant à leur base; sillonnés et glabres en dessus, pubescents et convexes en dessous; de la couleur des rameaux.

Fleurs nombreuses, très rapprochées, disposées en bouquet au sommet des rameaux; pédiculées, extrêmement visqueuses, de couleur pourpre, deux fois plus grandes que celles du *Bejaria racemosa;* se développant depuis le commencement de Mai, jusqu'à la fin de Juin.

Pédicules épars sur la partie supérieure des rameaux; à une seule fleur; droits, cylindriques, striés, hérissés de poils roussâtres; munis de bractées; de la moitié de la longueur des fleurs.

Bractées deux ou trois sur chaque pédicule; alternes, de la forme des feuilles, et beaucoup plus courtes.

Calice d'une seule pièce, en cloche, divisé à son limbe en sept découpures; hérissé de poils, de la couleur du pédicule; très court, subsistant. *Découpures* droites, ovales, aiguës.

Corolle attachée à la base du calice, divisée profondément. *Divisions* ouvertes en étoile; en forme de languette, obtuses à leur sommet, alternativement plus étroites.

Étamines quatorze, insérées à la base de la corolle. *Filets* comprimés, rapprochés et presque réunis vers leur base en un cylindre court; écartés et libres dans le reste de leur étendue ; très ouverts, courbés en dedans à leur sommet, velus dans leur partie inférieure, glabres dans la supérieure ; de la couleur de la corolle, et presque tous de la même longueur que cet organe. *Anthères* mobiles, ovales, à deux loges, s'ouvrant au sommet par deux pores ; d'abord d'un jaune de soufre, ensuite de couleur brune.

Ovaire arrondi, déprimé, glabre, visqueux, creusé de sept stries, divisé en sept loges qui contiennent chacune plusieurs ovules. *Style* droit, tortueux dans sa partie supérieure ; cylindrique, renflé vers le sommet ; de la couleur et de la longueur des filets des étamines. *Stigmate* en tête, tronqué, creusé de sept stries.

Fruit.......

Obs. 1.° Le nombre des parties de la fructification est sujet à varier dans le *Bejaria resinosa*. J'ai observé quelques fleurs dont le calice et la corolle ne présentoient que six divisions, et dont les étamines n'étoient qu'au nombre de douze.

2.° *Voyez* dans le Jardin de Cels, pag. 51, les observations placées après la description du *Bejaria racemosa*.

3.° Les espèces connues du genre *Bejaria* peuvent être distinguées par les phrases comparatives suivantes.

Bejaria resinosa. Foliis ovatis ; floribus congestis.

Bejaria æstuans. Foliis petiolatis, lanceolatis, subtùs tomentosis ; floribus corymbosis. (*Acunna oblonga, Syst. Vegetabil. Flor. Peruv.*)

Bejaria racemosa (1). Foliis sessilibus lanceolatis, utrinque glabris ; floribus racemosis.

Expl. des fig. 1, Fleur vue en dedans. 2, Calice et Pistil. 3, Partie supérieure d'un filet auquel l'anthère est attachée. 4, Pistil. (Figures de grandeur naturelle.)

---

(1) L'auteur de la Flore de l'Amérique Septentrionale a cru devoir substituer au nom spécifique de *racemosa*, celui de *paniculata*. Il est cependant certain que les fleurs des exemplaires rapportés d'Amérique par Michaux, et que celles des individus, qui fructifient depuis huit ans en France, sont naturellement disposées en grappes. Si les fleurs présentent quelquefois la disposition d'une panicule, il est évident que cette inflorescence est un effet de la chûte ou de l'avortement des feuilles situées sur les rameaux.

53

Dessiné par Poiteau.

Gravé par Dien

ANDROMEDA anastomosans

ANDROMEDA *anastomosans.*

FAM. des BRUYÈRES, *JUSS.* — DÉCANDRIE MONOGYNIE, *LINN.*

ANDROMEDA foliis sparsis, ovatis, margine subtùsque anastomosibus punctato-pilosis.

ANDROMEDA foliis ovatis, subserratis, subtùs anastomosibus punctatis. *LINN. Supplem.* pag. 237.

Arbrisseau d'un bel aspect, dont le port ressemble beaucoup à celui du *MYRSINE;* croissant naturellement dans la Nouvelle Grenade, et fleurissant dans le cours de l'été. Un bel exemplaire de cette espèce intéressante et peu connue, m'a été communiqué par M. Umanna, Savant Naturaliste Espagnol.

TIGES droites, cylindriques, rameuses, lisses dans leur partie inférieure, et recouvertes d'une écorce mince qui se détache par lambeaux; feuillées dans la partie supérieure, et parsemées de points glanduleux peu apparents; hautes de huit décimètres, de la grosseur d'une plume de cygne. *RAMEAUX* axillaires, alternes, droits, de la forme des tiges; hérissés de poils blanchâtres insérés chacun sur une petite glande; d'un brun foncé.

FEUILLES alternes, très rapprochées, presque droites, pétiolées, ovales, aiguës, luisantes, roides, veinées, glabres et lisses sur leur surface supérieure, parsemées sur l'inférieure, ainsi que sur leurs bords, de points glanduleux surmontés d'un poil blanchâtre; d'un vert foncé en dessus, d'un vert pâle en dessous; longues de treize millimètres, larges de huit.

PÉTIOLES extrêmement courts, applatis d'un côté, sillonnés de l'autre; glabres en dessus, parsemés de quelques poils en dessous; de la couleur des rameaux.

PÉDICULES naissant dans les aisselles des feuilles supérieures, ainsi qu'au sommet des jeunes rameaux; rarement solitaires, plus souvent au nombre de deux ou de trois; entourés à leur base des débris des boutons; recourbés, cylindriques, velus, d'un brun foncé; à une seule fleur, plus longs que les feuilles; formant par leur ensemble une grappe courte et obtuse.

FLEURS pendantes; d'un blanc lavé de pourpre, de la grandeur de celles de l'*ANDROMEDA racemosa.*

CALICE très petit, d'une seule pièce, à cinq divisions ovales et aiguës; glabre, subsistant.

COROLLE attachée à la base du calice; tubulée et presque cylindrique, creusée de cinq sillons, glabre en dehors, pubescente en dedans; divisée à son limbe en cinq lobes ovales et obtus: se flétrissant avant de tomber.

ÉTAMINES dix, insérées à la base de la corolle, et moitié plus courtes; rapprochées en forme de cylindre autour du pistil. *FILETS* applatis, en lance, glabres en dehors, velus en dedans. *ANTHÈRES* vacillantes, formées de deux lobes ouverts à leur sommet, et surmontés chacun de deux soies roides.

OVAIRE libre, globuleux, creusé de cinq sillons profonds; pubescent. *STYLE* cylindrique, subsistant, plus long que les étamines. *STIGMATE* en tête, creusé de cinq stries peu apparentes.

CAPSULE entourée par le calice qui, après la fécondation, devient insensiblement épais et presque charnu; globuleuse, pentagone, creusée d'un ombilic à son sommet; pubescente, de la grosseur d'un pois; divisée en cinq loges, s'ouvrant sur les angles en cinq valves. *CLOISONS* membraneuses, adhérentes au milieu des valves.

GRAINES très nombreuses, anguleuses, portées sur un placenta central, pentagone, dont les angles sont saillants dans les loges.

OBS. 1.° L'*ANDROMEDA anastomosans* est une plante très rare dans les collections, et peu connue des Botanistes. Les auteurs qui ont publié des recueils d'espèces, ont copié la description qui avoit été donnée de cette plante par Linnæus, Fils. M. de la Marck, après avoir traduit cette description, a fait une observation que je crois devoir transcrire pour prouver combien il étoit important de décrire de nouveau, et de figurer l'*ANDROMEDA anastomosans*.

« M. Linné ne dit point si cet arbrisseau est grand ou petit; si ses feuilles, qui sont ovales, « ont un pied ou seulement une ligne de longueur; si ses fleurs sont blanches ou d'une autre « couleur, etc. Cependant quelques notions sur ces objets ne contribueroient pas peu à faire « connoître, comme il convient, cette nouvelle espèce. »

2.° L'*ANDROMEDA myrsinites*, LAM. est de toutes les espèces du genre celle qui se rapproche le plus de l'*ANDROMEDA anastomosans*. Elle s'en distingue néanmoins par ses rameaux grêles, alongés et pliants; par ses feuilles dentées, glabres sur chaque surface, et plus petites; par ses fleurs portées sur des pédicules extrêmement courts, etc.

Expl. des fig. a, Une feuille vue en dessous. — 1, Fleur. 2, Corolle. 3, La même ouverte. 4, Étamine vue en dehors. 5, La même vue en dedans. 6, La même vue de côté. 7, Calice et Pistil. 8, Capsule entourée du calice devenu en grande partie épais et charnu. 9, La même commençant à s'ouvrir. 10, La même plus ouverte, pour montrer la position respective des valves et des angles du placenta. 11, Placenta à cinq angles saillants; et deux valves septifères alternes avec les angles du placenta. 12 et 13, Graines. (Fig. grossies, à l'exception de la 12.)

Dessiné par Turpin. Gravé par Sellier.

ESCALLONIA discolor

ESCALLONIA.

FAM. des MYRTÉES. — PENTANDRIE MONOGYNIE, *LINN.*

CHARACTER GENERICUS *quoad fructum emendatus et auctus.* *FRUCTUS* nondùm maturus baccam mentiens; per maturitatem, calice frustatim disrupto, capsulam prodiens. *CAPSULA* bilocularis, à basi ad apicem in duas valvulas dehiscens. *VALVULÆ* marginibus introflexæ loculos constituentes. *SEMINA* numerosissima, scobiformia, tuberculis 4 margini valvularum introflexo adhærentibus affixa. (*CORCULUM* rectum, radiculâ inferâ; lobis hinc convexis, indè planis?)

ESCALLONIA *DISCOLOR.*

ESCALLONIA foliis cuneiformi-lanceolatis, integerrimis, subtùs discoloribus; floribus paniculatis; petalis obovatis.

Arbrisseau d'un bel aspect, croissant naturellement dans la Nouvelle Grenade, fleurissant sur la fin de l'été. Plusieurs exemplaires de cette espèce encore inédite, m'ont été communiqués par M. Umanna, Savant Naturaliste Espagnol, l'un des disciples les plus distingués du célèbre Mutis.

TIGE droite, cylindrique, très rameuse, recouverte d'une écorce cendrée qui se détache par lambeaux. *BRANCHES* alternes, ouvertes, de la forme et de la couleur de la tige; nues et parsemées de tubercules dans leur partie inférieure, divisées et feuillées dans la supérieure. *RAMEAUX* axillaires, peu ouverts, articulés, légèrement anguleux et pubescents vers leur sommet; d'un brun foncé.

FEUILLES alternes, ouvertes, pétiolées et se prolongeant sur le pétiole; en forme de coin, très entières, relevées en dessous d'une côte pubescente et rameuse; veinées, glabres, d'un vert foncé sur la surface supérieure, d'un vert glauque sur l'inférieure, parsemées de glandes résineuses peu apparentes; longues de six centimètres, larges de vint-six millimètres.

PÉTIOLES ayant la direction des feuilles; articulés, convexes d'un côté; sillonnés de l'autre; pubescents, d'un brun foncé, extrêmement courts.

GRAPPES dans la partie supérieure des branches et des rameaux; axillaires et terminales, rameuses et munies à la base de chacune de leurs divisions d'une petite feuille, formant par leur ensemble une vaste panicule. *AXE* des *GRAPPES* presque droit, anguleux, pubescent, d'un brun foncé, nu dans sa moitié inférieure, divisé et chargé de fleurs dans la supérieure. *DIVISIONS* de l'*AXE* ouvertes, anguleuses, hérissées de poils courts, munies de bractées; à plusieurs fleurs.

FLEURS presque droites, pédiculées, munies de bractées; blanchâtres, de la grandeur de celles du *LAURUS nobilis.*

PÉDICULES cylindriques, pubescents, d'un brun foncé, de la longueur des fleurs.

BRACTÉES à la base des divisions et des sous-divisions des rameaux de la panicule; droites, en forme de spatule, pubescentes, de la moitié de la longueur des pédoncules et des pédicules.

CALICE en cloche, pubescent, d'un brun foncé, adhérent à l'ovaire dans sa moitié inférieure, libre dans la supérieure, divisé à son limbe en cinq dents; du tiers de la longueur de la fleur.

Corolle formée de cinq pétales attachés à la base du limbe du calice, et alternes avec ses découpures; ouverts, ovales-renversés, glabres.

Étamines cinq, ayant la même attache que la corolle, opposées aux dents du calice, plus courtes que les pétales. *Filets* montants, très ouverts, glabres, blanchâtres. *Anthères* attachées par le dos aux filets; ovales, creusées de quatre sillons, s'ouvrant latéralement, d'un jaune de soufre.

Ovaire adhérent au calice dans presque toute son étendue; arrondi, divisé en deux loges, contenant un grand nombre d'ovules. *Style* droit, cylindrique, strié, de la longueur et de la couleur des filets des étamines. *Stigmate* orbiculaire, sillonné et presque à deux lobes.

Fruit....

Obs. 1.° Les plantes que MM. Pavon et Ruiz ont publiées sous le nom de *Stereoxylon*, sont évidemment congénères de l'*Escallonia*. Le motif qui a déterminé ces Savants Botanistes à changer le nom d'*Escallonia*, est exposé dans leur *Prodomus*, pag. 38, « Escallonias *Supp. Linnæi f. et Cl. Smith ad hoc genus referre oportet, licet Bacca eis tribuatur, pericarpio non satis accuratè ex speciminibus siccis observato.* » Il suit à la vérité de cette observation que le fruit des espèces du genre *Escallonia* est une capsule; mais cette découverte autorisoit-elle les auteurs de la Flore du Pérou à substituer un nouveau nom à celui qui après avoir été consacré par le Célèbre Mutis, avoit été ensuite adopté par Linnæus, Fils, par MM. Smith, Jussieu, etc.

2.° J'ai observé dans la riche collection de M. de Jussieu, plusieurs espèces du genre *Escallonia*, publiées par MM. Ruiz et Pavon, sous les noms de *Stereoxylum rubrum, revolutum, pulverulentum*, etc. J'ai remarqué dans toutes ces espèces 1°, que le fruit avant de parvenir à une maturité parfaite, ressembloit beaucoup à une baie (1); 2°, que le système vasculaire se désorganisoit insensiblement, lorsque le fruit étoit entièrement mûr; qu'alors le calice se déchiroit par lambeaux, et laissoit à découvert une capsule biloculaire, s'ouvrant depuis la base jusqu'au sommet en deux valves; 3°, que la cloison étoit formée par les rebords rentrants des valves, et que les graines très menues étoient attachées à quatre tubercules adhérents au bord interne des valves. (*Voyez* les fig. a, b, c, etc., qui sont placées entre deux lignes ponctuées.)

3°. Parmi un grand nombre de graines que j'ai analysées avec soin, je n'en ai pas trouvé une seule qui fût parvenue à une maturité parfaite. Il ne m'est donc pas possible de prononcer sur leur structure intérieure. Je crois cependant avoir reconnu dans quelques unes que l'embryon étoit droit, que la radicule étoit très petite, et que les lobes étoient convexes en dehors, et applatis en dedans. Si ces observations étoient confirmées par la suite, il me semble que réunies à celles qui sont déjà fournies par le fruit de l'*Escallonia*, elles prouveroient que ce genre doit être rapproché des *Memecylon* L., *Santalum* L., *Bæckea* L., *Imbricaria* Smith, *Phebalium Jard. de la Malm.*, etc., pour former soit une nouvelle famille placée entre les Épilobiènes et les Myrtées, soit une première section des Myrtées caractérisée par les étamines en nombre déterminé.

Expl. des fig. 1, Fleur vue en dedans. 2, La même vue latéralement. 3, Un pétale. 4, Une étamine. 5, Calice et Pistil. 6, Coupe verticale de l'ovaire. — a, Fruit qui n'est pas encore parfaitement mûr. b, Le même coupé transversalement. c, Fruit parvenu à sa maturité, dont le calice se détache par lambeaux. d, Le même coupé transversalement, pour montrer que la cloison est formée par les bords rentrants des valves, et que les semences sont attachées à quatre tubercules. e, Capsule nue, s'ouvrant de la base au sommet en deux valves. f. Une valve. g, Quelques graines de grandeur naturelle. h, Une graine grossie.

(1) C'est dans cet état que le fruit de l'*Escallonia* a été décrit et figuré d'abord par M. Smith dans ses *Plantarum Icones*, etc., et ensuite par M. Gærtner, Fils, dans la première livraison du troisième volume de la Carpologie.

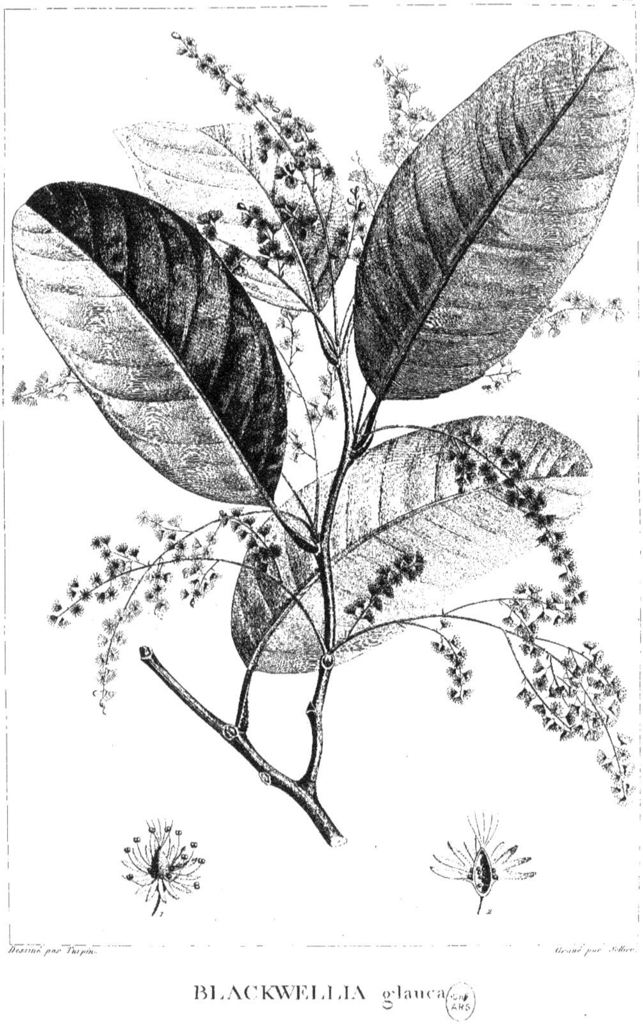

Dessiné par Turpin. Gravé par Sellier.

BLACKWELLIA glauca

BLACKWELLIA *GLAUCA.*

FAM. des ROSACÉES, §. VIII, *JUSS.* — DODÉCANDRIE PENTAGYNIE, *LINN.*

BLACKWELLIA foliis ovato-oblongis, obtusis, glaucis; racemis axillaribus paniculatis.

Arbrisseau d'un aspect agréable, croissant naturellement à l'Isle de France, où il a été découvert par Commerson.

TIGE droite, cylindrique, noueuse, rameuse, glabre, recouverte d'une écorce gercée et de couleur cendrée. *RAMEAUX* axillaires, alternes, ouverts, renflés à leur base, de la forme et de la couleur de la tige.

FEUILLES alternes, presque droites, pétiolées, munies de stipules caduques; ovales-oblongues, très obtuses, ordinairement entières, quelquefois garnies sur les bords de leur moitié inférieure de dents écartées et peu saillantes; relevées d'une côte rameuse, veinées, glabres, d'un vert glauque, longues de quatorze centimètres, larges de six.

PÉTIOLES droits, articulés, convexes en dehors et recouverts d'une écorce fongueuse, sillonnés et lisses en dedans; glabres, longs de deux centimètres.

GRAPPES au nombre de deux ou de trois dans les aisselles des feuilles; composées, penchées, formant par leur ensemble une panicule étalée. *AXES* des *GRAPPES* recourbés, cylindriques, striés, rameux, légèrement pubescents, munis à leur base d'une bractée. *RAMEAUX* alternes, semblables à l'axe commun: les supérieurs insensiblement plus courts.

FLEURS éparses sur les rameaux, et formant des grappes simples; pédiculées, rapprochées, très velues, munies de bractées; aussi petites que celles du *RIVINA humilis.*

PÉDICULES le plus souvent à une fleur, rarement à deux; filiformes, articulés au dessus de leur base; légèrement pubescents.

BRACTÉES à la base des grappes, de leurs divisions, et des pédicules des fleurs; solitaires, droites, linéaires, pubescentes, très courtes.

CALICE d'une seule pièce, en forme de poire dans sa partie inférieure, divisé profondément dans la supérieure, subsistant. *DIVISIONS* ordinairement au nombre de quatorze, très ouvertes, linéaires, aiguës, ciliées et comme plumeuses sur leurs bords, inégales: savoir, sept alternes plus larges et un peu plus longues, munies à leur base intérieure d'une glande noirâtre.

COROLLE nulle.

Étamines le plus souvent au nombre de sept; attachées à la base des divisions les plus étroites du calice, et un peu plus longues. *Filets* montants, capillaires, glabres. *Anthères* globuleuses, didymes.

Ovaire adhérent dans la moitié de son étendue à la partie inférieure du calice; en forme de poire, très velu, à une seule loge, contenant un grand nombre d'ovules attachés à ses parois. *Styles* cinq, écartés, capillaires, velus à leur base, plus longs que les filets des étamines. *Stigmates* simples, aigus.

Fruit......

Obs. 1.° Les divisions du calice qui sont les plus larges, et qui sont glanduleuses à leur base, ne paroissent pas devoir être considérées comme des pétales, puisqu'elles naissent, ainsi que les divisions, plus étroites et staminifères, du sommet du tube ou de la partie entière du calice.

2.° Le *Blackwellia* se distingue de l'*Homalium* non seulement par ses étamines toujours solitaires à la base des divisions étroites du calice, mais encore par ses styles filiformes qui sont insérés au sommet de l'ovaire, et qui ne paroissent pas être, comme dans l'*Homalium*, une prolongation de cet organe.

Expl. des fig. 1, Fleur entière, vue en dedans et très grossie. 2, La même dépourvue d'étamines et coupée longitudinalement, pour montrer les glandes situées à la base des divisions les plus larges du calice, et la situation de l'ovaire qui est uniloculaire.

Dessiné par Turpin. Gravé par Plée.

BLACKWELLIA cerasifolia.

BLACKWELLIA *CERASIFOLIA.*

FAM. des ROSACÉES, §. VIII, *JUSS.* — DODÉCANDRIE PENTAGYNIE, *LINN.*

BLACKWELLIA foliis ellipticis, acuminatis, dentatis; racemis axillaribus, compositis, erectis.

Arbrisseau dont les feuilles ont quelque ressemblance avec celles du *PRUNUS Cerasus*, LINN.; originaire de Madagascar; cultivé dans le Jardin Botanique de l'Isle de France, où le Célèbre Naturaliste Riche avoit cueilli l'exemplaire que je fais figurer.

TIGE droite, cylindrique, très rameuse, recouverte d'une écorce gercée et de couleur brune. *BRANCHES* alternes, peu ouvertes, courbées vers leur sommet, noueuses, glabres, de la forme de la tige. *RAMEAUX* axillaires, renflés à leur base, légèrement pubescents.

FEUILLES alternes, ouvertes, pétiolées et se prolongeant sur le pétiole; munies de stipules; elliptiques, rétrécies vers leur sommet en une pointe obtuse; garnies sur leurs bords de dents courtes, écartées et glanduleuses à leur base; relevées d'une côte rameuse; veinées, glabres, luisantes, d'un vert gai en dessus, d'un vert pâle en dessous, longues de neuf centimètres, larges de quatre.

PÉTIOLES ouverts, renflés et articulés à leur base, convexes d'un côté, sillonnés de l'autre, pubescents, de la couleur des rameaux; longs de quatorze millimètres.

STIPULES droites, linéaires, pubescentes, de la moitié de la longueur des pétioles; tombant promptement.

GRAPPES situées dans les aisselles des feuilles, et un peu plus longues; solitaires, droites, composées, munies de bractées. *AXES* des *GRAPPES* cylindriques, striés, rameux, hérissés de poils courts. *RAMEAUX* peu ouverts, presque opposés, nus vers leur base, garnis de fleurs vers leur sommet: les inférieurs écartés; les supérieurs rapprochés.

FLEURS très petites, formant par leur ensemble, au sommet de chaque rameau, un bouquet arrondi; pédiculées; munies de bractées; velues et presque drapées, de couleur cendrée.

PÉDICULES presque droits, filiformes, articulés dans leur partie moyenne; de la couleur des rameaux des grappes; ordinairement à une seule fleur, rarement à deux.

BRACTÉES à la base des grappes, de leurs rameaux, et des pédicules des fleurs; droites, en lance, aigues, concaves, très courtes.

CALICE d'une seule pièce, entier vers sa base, divisé profondément dans le reste de son étendue; subsistant. *DIVISIONS* ordinairement au nombre de dix, et quelquefois de douze; très ouvertes, en lance, aiguës, inégales : savoir, cinq ou six alternes plus larges, plus longues, munies en dedans sur leur partie moyenne d'une glande saillante et de couleur brune.

COROLLE nulle.

ÉTAMINES cinq ou six, attachées à la base des divisions les plus étroites du calice, et de la même longueur. *FILETS* montants, capillaires, glabres. *ANTHÈRES* globuleuses, didymes.

OVAIRE adhérent légèrement au fond du calice; globuleux, hérissé, à une loge, contenant un grand nombre d'ovules attachés à ses parois. *STYLES* ordinairement trois, quelquefois quatre ou cinq; écartés, courbés vers leur sommet, filiformes, glabres, plus courts que les divisions du calice. *STIGMATES* très simples.

FRUIT. . . . .

OBS. 1.° Les stipules que j'ai observées dans les *BLACKWELLIA cerasifolia* et *tomentosa*, semblent prouver que cet organe doit exister dans toutes les autres espèces du genre, où il seroit également visible, s'il ne tomboit promptement.

2.° Le *BLACWELLIA cerasifolia* se distingue de toutes les espèces du genre par les glandes qui n'adhèrent point à la base, mais au milieu des divisions les plus étroites du calice, et par son ovaire qui est réellement libre. Ce dernier caractère seroit considéré dans plusieurs ordres, comme étant d'une grande importance; mais dans la famille des Rosacées, et sur-tout dans le genre *BLACKWELLIA* dont l'ovaire est en partie libre, et en partie adhérent, il est de peu de valeur, et ne paroît pas devoir autoriser l'établissement d'un genre nouveau.

Expl. des fig. 1, Une fleur vue en dedans. 2, La même coupée longitudinalement, pour montrer la différence qui existe entre les divisions glanduleuses et staminifères. 3, Calice entier séparé, pour montrer qu'il ne contracte aucune adhérence avec l'ovaire. (*Figures grossies.*)

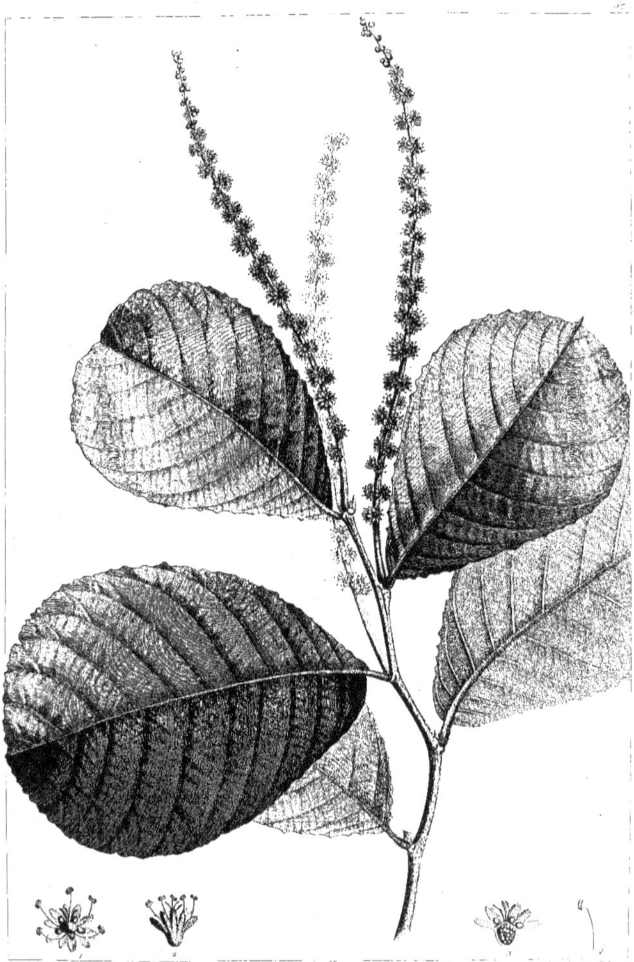

Dessiné par Turpin. *Gravé par Sellier*

BLACKWELLIA tomentosa

BLACKWELLIA *TOMENTOSA.*

FAM. des ROSACÉES, §. VIII, *JUSS.* — DODÉCANDRIE PENTAGYNIE, *LINN.*

BLACKWELLIA foliis cuneiformi-obovatis, dentatis, subtùs tomentosis; spicis axillaribus terminalibusque solitariis, erectis, longissimis.

Arbrisseau originaire de l'Isle de Java, où il a été découvert par M. La Haye; remarquable par la beauté de son feuillage, et la disposition de ses fleurs.

TIGE droite, cylindrique, rameuse, feuillée, glabre, recouverte d'une écorce gercée et de couleur cendrée; haute de trois mètres, de la grosseur de l'index. *RAMEAUX* axillaires, alternes, droits, de la forme de la tige, noueux, parsemés de tubercules blanchâtres; drapés dans leur partie supérieure.

FEUILLES alternes, ouvertes, présentant leurs bords dans la direction de la tige et des rameaux; pétiolées, munies de stipules; en forme de coin et ovales-renversées, surmontées d'une pointe courte et caduque; dentées, relevées d'une côte rameuse, veinées, pubescentes et d'un vert foncé en dessus, drapées et de couleur cendrée en dessous; longues de douze centimètres, larges de neuf.

PÉTIOLES ouverts, renflés et articulés à leur base, convexes d'un côté, sillonnés de l'autre; drapés, extrêmement courts.

STIPULES droites, en alène, pubescentes, deux fois plus longues que les pétioles; tombant promptement.

ÉPIS axillaires et terminaux; solitaires, droits, grêles, semblables à des châtons; deux fois plus longs que les feuilles. *AXES* des *ÉPIS* cylindriques, striés, drapés, couverts de fleurs dans toute leur étendue.

FLEURS rapprochées, sessiles, drapées, de couleur cendrée, très petites, munies de bractées.

BRACTÉES solitaires, ovales, membraneuses, de la couleur des fleurs et moitié plus courtes.

CALICE d'une seule pièce, en forme de poire dans sa partie inférieure, divisé dans la supérieure; subsistant. *DIVISIONS* ordinairement au nombre de dix, et quelquefois de douze; très ouvertes, ovales, obtuses, presque égales : cinq ou six alternes munies à leur base intérieure d'une glande noirâtre.

COROLLE nulle.

ÉTAMINES cinq ou six, attachées à la base des divisions du calice qui ne sont pas glanduleuses à leur base. *FILETS* montants, capillaires, glabres. *ANTHÈRES* mobiles, arrondies, creusées de deux sillons, et presque didymes.

Ovaire adhérent dans la moitié de son étendue à la partie inférieure du calice; globuleux, drapé, à une loge, contenant un grand nombre d'ovules attachés à ses parois. *Styles* ordinairement trois, rarement cinq; écartés, courbés à leur sommet, filiformes, glabres, de la longueur du calice. *Stigmates* très simples, presque obtus.

Fruit. . . . . .

Expl. des fig. 1, Fleur ouverte, vue en dedans. 2, La même vue de côté. 3, La même coupée longitudinalement. 4, Une étamine. (*Figures grossies.*)

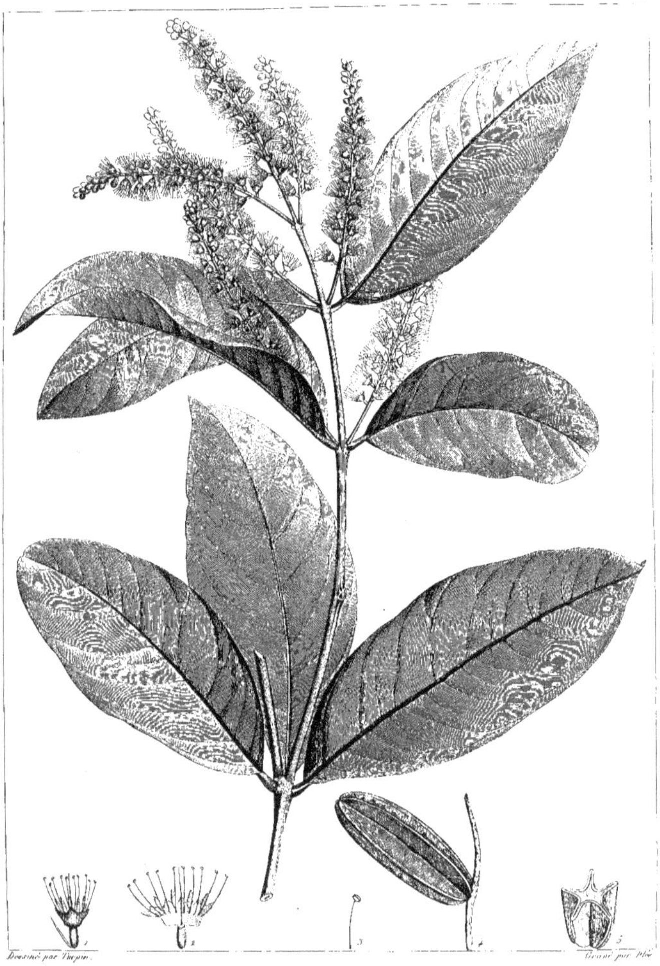

Dessiné par Turpin. Gravé par Plée

COMBRETUM trifoliatum

COMBRETUM *TRIFOLIATUM.*

FAM. des ONAGRAIRES, *JUSS.* — OCTANDRIE MONOGYNIE, *LINN.*

COMBRETUM floribus decandris; foliis ternis, ovali-oblongis, acutis; bracteis flore brevioribus; fructibus oblongis.

Arbrisseau sarmenteux, découvert à Java par M. La Haye; croissant dans les lieux élevés, et fleurissant durant toute la belle saison.

TIGE cylindrique, rameuse, feuillée, glabre, de couleur brune; haute de deux mètres, de la grosseur du petit doigt. *RAMEAUX* axillaires, opposés, ayant la direction, la forme, et la couleur de la tige.

FEUILLES peu ouvertes, ternées, pétiolées, ovales-oblongues, aiguës, très entières, relevées d'une côte rameuse; veinées, glabres, d'un vert foncé et lisses en dessus, d'un vert pâle et mat en dessous; longues de douze centimètres, larges de cinq.

PÉTIOLES ouverts, renflés et articulés à leur base, convexes en dehors, sillonnés en dedans, glabres, noirâtres, longs de huit millimètres.

ÉPIS axillaires et terminaux, rarement simples, plus souvent rameux, formant par leur ensemble une vaste panicule. *AXES* des *ÉPIS* et de leurs *DIVISIONS* nus vers leur base, garnis de fleurs dans leur partie supérieure; cylindriques, sillonnés, hérissés de poils courts, ou presque drapés.

FLEURS distiques, rapprochées, sessiles, munies de bractées; très velues, de couleur herbacée, de la grandeur de celles de l'*ACTÆA racemosa.*

BRACTÉES situées sous les ovaires; solitaires, horizontales, linéaires, très velues, plus courtes que les fleurs.

CALICE d'une seule pièce, situé au-dessus de l'ovaire; en forme de cloche, divisé à son limbe en cinq dents courtes; très velu, tombant après la fécondation.

PÉTALES cinq, insérés dans les sinus des divisions du calice; droits, linéaires, obtus, velus, très courts.

ÉTAMINES dix, insérées sur le calice au-dessous de la corolle. *FILETS* droits, en forme d'alène, glabres, très saillants, deux fois plus longs que la fleur. *ANTHÈRES* mobiles, arrondies, à deux loges.

OVAIRE situé au-dessous du calice; cylindrique, très velu, creusé de cinq sillons peu apparents à cause des poils dont il est hérissé. *STYLE* filiforme, glabre, de la longueur des étamines. *STIGMATE* aigu.

FRUIT formé d'une seule semence oblongue, relevée de cinq ailes ou angles très saillants, recouverte de deux enveloppes. *ENVELOPPE EXTÉRIEURE* coriace, mince, glabre, de couleur fauve. *ENVELOPPE INTÉRIEURE* spongieuse, membraneuse, presque brune.

Obs. 1.° Il paroît que les fleurs de toutes les espèces du genre *COMBRETUM* sont pourvues de bractées ordinairement caduques. J'en ai observé dans plusieurs exemplaires du *COMBRETUM secundum* W., rapporté de St. Domingue par M. Poiteau. Il faut donc exclure de la phrase spécifique de cette espèce, et probablement aussi de celle qui est nommée *laxum*, le caractère exprimé par ces mots *racemis ebracteatis*.

2.° Le *COMBRETUN trifoliatum* a une grande affinité avec le *COMBRETUM decandrum* ROXB. : mais il en diffère par la direction, la disposition, et la forme de ses feuilles ; par ses bractées plus courtes que les fleurs ; par son fruit pyramidal dont les ailes ne sont point crénelées sur leurs bords, etc.

3.° Les genres *CHUNCOA* et *TANIBOUCA*, rapportés par M. de Jussieu à la seconde section de l'Ordre des Chalefs, ou à la famille des Badamiers, ne devroient-ils pas être rapprochés du *COMBRETUM* ? J'ai observé plusieurs fruits du *CHUNCOA* ; et quoique leurs semences ne fussent pas en bon état, j'ai cru néanmoins reconnoître que les lobes n'étoient point contournés en spirale autour de la radicule, comme ils le sont dans le *TERMINALIA*.

4.° On doit ajouter aux espèces de *COMBRETUM*, mentionnées par M. Willdenow dans la nouvelle édition du *Species Plantarum*, celles qui ont été décrites par M. Richard dans les Actes de la Société d'Histoire Naturelle de Paris, et les deux suivantes rapportées du Sénégal par M. Roussillon.

COMBRETUM paniculatum. Floribus octandris ; foliis suboppositis, oblongis, obtusis ; paniculâ terminali, amplissimâ ; bracteis brevissimis ; fructibus ovatis.

Cette espèce est sur-tout remarquable par ses fleurs qui forment une vaste panicule. Sa tige ligneuse porte des feuilles presque alternes, pétiolées, glabres, longues de neuf centimètres, et larges de cinq. Les divisions des panicules sont hérissées, ainsi que les bractées et les ovaires, de poils courts. Les fleurs pédiculées et d'une belle couleur rouge, ont une grande ressemblance avec celles du *COMBRETUM purpureum* W.

COMBRETUM aculeatum. Ramis aculeatis ; foliis suboppositis, ovatis, pubescentibus ; floribus racemosis ; fructuum alis membranaceis.

L'exemplaire de cette espèce que j'ai trouvé dans l'herbier de M. de Jussieu, est entièrement dépourvu de fleurs, et les feuilles qui n'ont qu'un centimètre de longueur, paroissent être une pousse de l'arrière-saison.

Expl. des fig. 1, Une fleur grossie. 2, La même dont le calice est ouvert, pour montrer l'attache des pétales et des étamines. 3, Une étamine séparée et grossie. 4, Fruit, ou Semence de grandeur naturelle. 5, Semence coupée transversalement.

Dessiné par Poiteau. *Gravé par Dien.*

CASTILLEIA coronopifolia.

CASTILLEIA *CORONOPIFOLIA.*

FAM. des PÉDICULAIRES, *JUSS.* — DIDYNAMIE ANGIOSPERMIE, *LINN.*

CASTILLEIA caule supernè tetragono; foliis linearibus, integerrimis trifidisve; bracteis indivisis; racemis elongatis.

Arbuste d'un port élégant; remarquable par la beauté de ses fleurs; croissant naturellement dans la Nouvelle Grenade. Plusieurs échantillons de cette jolie espèce m'ont été communiqués par M. Umana, Savant Naturaliste Espagnol.

RACINE rameuse, fibreuse.

TIGES droites, ligneuses, cylindriques et glabres dans leur partie inférieure; tétragones et hérissées de poils courts dans la supérieure; rameuses, feuillées, d'un brun foncé, hautes de cinq à six décimètres, de la grosseur d'une plume à écrire. *RAMEAUX* axillaires, alternes, presque droits, de la même forme et de la même couleur que la partie supérieure des tiges.

FEUILLES alternes, ouvertes, sessiles, linéaires, obtuses, ordinairement à trois découpures vers leur sommet, quelquefois très entières; hérissées sur chaque surface de poils courts et peu apparents; d'un vert foncé, longues de trois centimètres, entourées à leur base de jeunes feuilles plus petites et d'inégale grandeur.

FLEURS dans la partie supérieure des rameaux; pédiculées, munies d'une bractée, distiques avant leur développement parfait, unilatérales ou tournées d'un seul côté lorsqu'elles sont épanouies; formant par leur ensemble une grappe alongée et très simple; d'un rouge peu foncé, de la grandeur de celles de la *SALVIA Leonuroides*.

PÉDICULES peu ouverts, cylindriques, pubescents, d'un brun foncé, du quart de la longueur des fleurs.

BRACTÉES à la base de chaque pédicule; solitaires, droites, linéaires, très entières, pubescentes, du tiers de la longueur des fleurs.

CALICE d'une seule pièce, en forme de spathe; tubulé, ventru à sa base, comprimé dans presque toute son étendue, fendu antérieurement, divisé à son sommet en deux découpures obtuses et échancrées; relevé de nervures peu apparentes; pubescent, coloré, subsistant, de la moitié de la longueur de la fleur.

COROLLE hypogyne, monopétale, tubuleuse, irrégulière, labiée. *TUBE* cylindrique, courbé, glabre, du tiers de la longueur de la corolle. *ORIFICE* renflé, muni de deux glandes à la base de la lèvre inférieure. *LÈVRE SUPÉRIEURE* très alongée, concave, courbée en dedans, pubescente, divisée à son limbe en trois dents inégales. *Lèvre inférieure* extrêmement petite, divisée en trois dents surmontées chacune d'une soie courte.

Étamines quatre dont deux plus courtes (didynames); attachées au milieu du tube de la corolle, situées sous la lèvre supérieure. *Filets* capillaires, renflés vers leur sommet; courbés, glabres, de la couleur de la corolle, et de la longueur de la lèvre supérieure. *Anthères* didymes, linéaires, droites, adhérentes aux filets par leur partie moyenne, libres à leurs deux extrémités, d'un jaune de soufre.

Ovaire libre, ovale, comprimé, glabre. *Style* placé obliquement sur l'ovaire; ayant la direction, la forme, la couleur, et la longueur des plus grandes étamines; subsistant à sa base. *Stigmate* simple, en tête.

Capsule ovale, comprimée, pointue, oblique à sa base, creusée d'un sillon sur chaque face; glabre, d'un brun foncé; divisée en deux loges; s'ouvrant par le sommet en deux valves; contenant un grand nombre de graines. *Cloison* épaisse, fongueuse, opposée aux valves.

Graines nombreuses, adhérentes aux deux faces de la cloison; ovales, comprimées, entourées d'un rebord membraneux.

Obs. Linnæus, Fils, avoit mentionné dans le *Supplementum Plantarum* deux espèces de *Castilleia*, genre établi par M. Mutis. Ces deux espèces ont été depuis parfaitement décrites et très bien figurées dans le savant ouvrage de M. Smith, intitulé *Plantarum Icones hactenùs ineditæ*. L'espèce nouvelle que je publie a beaucoup de rapports avec celles qui étoient déjà connues; mais elle en diffère par plusieurs caractères, comme le prouvent les phrases comparatives suivantes.

CASTILLEIA *integrifolia*. Caule tereti; foliis bracteisque lineari-lanceolatis, integerrimis; racemis elongatis.

CASTILLEIA *fissifolia*. Caule teretiusculo; foliis bracteisque basi ovatis et integris, supernè pinnatifidis; racemis brevissimis.

CASTILLEIA *coronopifolia*. Caule supernè tetragono; foliis linearibus, integerrimis, trifidisve; bracteis indivisis; racemis elongatis.

Expl. des fig. 1, Fleur un peu grossie. 2, Calice ouvert. 3, Corolle. 4, La même ouverte. 5, Pistil. 6, Capsule. 7, La même s'ouvrant par le sommet. 8, La même coupée horizontalement.

Dessiné par Poiteau — *Gravé par Bion*

GOTHOFREDA cordifolia

GOTHOFREDA (1).

FAM. des APOCINÉES, *JUSS.* — PENTANDRIE DIGYNIE. *LINN.*

CHARACTER ESSENTIALIS. *Calix* 5-partitus. *Corolla* 1-petala, tubulosa; limbo patente, 5-partito; laciniis longissimis, ligulatis, flexuosis. *Apparatus* staminum ferè idem ac in Asclepiade. *VAGINA* pistillo circumposita, subcarnosa, plurimùm exserta, versùs apicem 2-fida. *Ovaria* 2, ovata : styli 2, teretes : stigmata 2, obtusa. *Folliculi* duo. . . . . *Suffrutex volubilis*, Cynanchi *facie*. *Folia opposita*, *cordato-ovata*, *acuminata*, *tomentosa*. *Racemi axillares et terminales*, *pauciflori*; *floribus bracteatis*, *albidis*, *subtomentosis*. — Corolla Strophanti, et vagina pistilli plurimùm exserta, ac supernè bifida, novum hoc genus definiunt.

GOTHOFREDA *CORDIFOLIA*.

Sous-Arbrisseau dont le port a beaucoup de ressemblance avec celui d'un *CYNANCHUM*; remarquable par ses fleurs dont les divisions du limbe de la corolle sont très alongées, et dont le pistil est entouré d'une gaîne divisée profondément dans sa partie supérieure. L'exemplaire que j'ai fait figurer m'a été envoyé de Santa-Fé de Bogota, par M. Umana, Savant Naturaliste Espagnol.

TIGE voluble, cylindrique, rameuse, hérissée de poils courts dans sa partie inférieure, velue et drapée dans la supérieure; de couleur cendrée; haute d'un mètre, de la grosseur d'une plume à écrire. *RAMEAUX* axillaires, opposés, de la forme de la tige, et de la couleur de sa partie supérieure.

FEUILLES opposées, peu ouvertes, pétiolées, en cœur et ovales, pointues, très entières, relevées d'une côte rameuse; paroissant veinées, lorsqu'on les observe avec la loupe; drapées, d'un vert foncé en dessus, d'un vert pâle en dessous; longues de sept centimètres, larges de trois et demi.

PÉTIOLES contournés et volubles, cylindriques, drapés, glanduleux, longs de quatre centimètres. *GLANDES* solitaires à la base interne de chaque pétiole, très petites, glabres, de couleur brune.

GRAPPES axillaires et terminales, presque droites, peu garnies de fleurs. *AXES* cylindriques, de la couleur des pétioles, et deux fois plus longs; nus dans leur moitié inférieure, florifères dans la supérieure.

FLEURS penchées, pédiculées, munies de bractées, blanchâtres, hérissées de poil courts, longues de quinze millimètres, larges de trois centimètres.

PÉDICULES presque droits, filiformes, drapés, à une seule fleur, longs de deux centimètres.

BRACTÉES à la base des pédicules; droites, en lance, aiguës, drapées, extrêmement courtes.

---

(1) Genre dédié à mon savant confrère de l'Institut, M. Geoffroy-Saint-Hilaire, Professeur au Muséum d'Histoire Naturelle de Paris.

Calice d'une seule pièce, à cinq divisions droites, en lance, pointues et drapées; subsistant.

Corolle monopétale, tubulée. *Tube* de la longueur du calice. *Limbe* à cinq divisions très ouvertes, en lance, pointues, flexueuses, quatre fois plus longues que le tube.

Écailles cinq, de la longueur du tube de la corolle, et insérées à sa base; alternes avec les découpures du limbe; entourant les organes sexuels; presqu'en forme de coin, tronquées à leur sommet, munies vers leur base interne de deux glandes entre lesquelles s'élève un corps cylindrique et courbé en dedans.

Appareil des Étamines. 1°, *Filets* réunis à leur base en un anneau charnu, sur lequel s'élèvent cinq anthères en lance, membraneuses, adhérentes par leurs bords, munies sur les côtés d'un appendice prolongé et concave; biloculaires, formant par leur ensemble un tube cylindrique. 2°, *Tubercules* cinq, insérés au milieu de la gaîne qui recouvre le pistil, alternes avec les anthères; alongés, linéaires, creusés d'un sillon sur leur face antérieure, munis à leur base de deux filaments très courts, auxquels sont suspendus par leur milieu deux corpuscules qui sont acuminés au-dessus de leur point d'attache, conformés au-dessous en une masse de pollen agglutiné, et qui s'insinuent chacun dans une des loges de deux anthères voisines.

Pistil recouvert par une gaîne presque charnue, très distincte du tube des étamines, saillante et divisée dans sa moitié supérieure. *Divisions* écartées, en forme d'alène, sillonnées le long de leur face interne. *Ovaires* deux, ovales. *Styles* deux, cylindriques. *Stigmates* deux, obtus, adhérents légèrement à la gaîne du pistil.

Follicules deux. . . . . .

Obs. 1.° Le *Gothofreda* se distingue essentiellement de tous les genres connus de l'ordre auquel il appartient, par les divisions très alongées du limbe de la corolle, et par la gaîne du pistil très saillante et profondément bifide dans sa partie supérieure.

2°. Plusieurs Célèbres Botanistes ont tenté d'expliquer comment s'opéroit la fécondation des *Asclepias*, *Cynanchum*, etc. La découverte de l'organe qui engaîne et surmonte le pistil du *Gothofreda*, loin d'éclaircir ce point important de physique végétale, paroît en rendre la solution plus obscure et plus difficile.

3.° J'ai observé sur plusieurs exemplaires de la plante que je viens de décrire, principalement sur les pétioles et les nervures des feuilles, de petits morceaux de gomme-résine. Cette substance est aussi produite par d'autres Apocinées. Linnæus nous apprend dans le *Supplementum Plantarum*, pag. 170, que des Chinois avoient donné l'*Asclepias carnosa* pour la plante qui produit la gomme-gutte.

Expl. des fig. 1, Fleur un peu grossie. 2, Calice, et Pistil recouvert de sa gaîne. 3, Calice. 4, Fleur dont on a retranché le calice et la corolle pour montrer les cinq écailles qui entourent les organes sexuels. 5, Une de ces écailles vue en dehors. 6, La même vue en dedans. 7, Fleur dont on a retranché le calice, la corolle et les cinq écailles, pour montrer l'appareil des étamines. 8, Tubercule muni à sa base de deux filaments, auxquels sont suspendus deux corpuscules pollinifères dans leur moitié inférieure. 9, Le même grossi. 10, Fleur très grossie, dont on a retranché le calice, la corolle, une partie des écailles, et l'appareil des étamines: coupée longitudinalement pour montrer la forme de la gaîne qui recouvre le pistil.

TABLE ALPHABÉTIQUE.

www.ingramcontent.com/pod-product-compliance
Lightning Source LLC
Chambersburg PA
CBHW070549200326
41519CB00012B/2168